典型机械制造工艺装备的设计研究

杜启鑫　张玉娟　著

吉林科学技术出版社

图书在版编目（CIP）数据

典型机械制造工艺装备的设计研究 / 杜启鑫，张玉娟著. -- 长春 : 吉林科学技术出版社，2024.3

ISBN 978-7-5744-1235-4

Ⅰ. ①典… Ⅱ. ①杜… ②张… Ⅲ. ①机械制造一工艺装备一设计一研究 Ⅳ. ① TH16

中国国家版本馆 CIP 数据核字 (2024) 第 067398 号

典型机械制造工艺装备的设计研究

著　　杜启鑫　张玉娟
出 版 人　宛　霞
责任编辑　程　程
封面设计　树人教育
制　　版　树人教育
幅面尺寸　185mm × 260mm
开　　本　16
字　　数　250 千字
印　　张　11.375
印　　数　1~1500 册
版　　次　2024 年 3 月第 1 版
印　　次　2024 年12月第 1 次印刷

出　　版　吉林科学技术出版社
发　　行　吉林科学技术出版社
地　　址　长春市福祉大路5788 号出版大厦A 座
邮　　编　130118
发行部电话/传真　0431-81629529 81629530 81629531
81629532 81629533 81629534
储运部电话　0431-86059116
编辑部电话　0431-81629510
印　　刷　廊坊市印艺阁数字科技有限公司

书　　号　ISBN 978-7-5744-1235-4
定　　价　70.00元

前 言

在现代制造业中，工艺装备的设计和研究一直是一个重要而复杂的领域。随着全球制造业的发展和竞争的加剧，对于提高生产效率、降低成本、提高产品质量以及满足环保和可持续性要求的需求也越来越迫切。因此，对工艺装备的设计和研究提出了更高的要求。本书的主要目的是探讨机械制造工艺装备的设计原则、性能分析和优化方法，以及面对新兴技术和未来挑战时的应对策略。笔者希望通过深入研究，为工程师和研究人员提供有关如何更好地设计和使用工艺装备的实用知识和指导，以提高制造业的竞争力。笔者将探讨工艺装备的设计原则，包括考虑生产需求、工艺流程和材料特性的因素。笔者还将介绍性能分析的方法，以帮助工程师了解工艺装备在不同条件下的性能表现，并识别潜在的改进点。笔者将介绍优化方法，以帮助优化工艺装备的设计，以最大限度地提高生产效率和产品质量，同时降低成本。

随着技术的不断进步，新兴技术如人工智能、物联网和自动化系统正在改变制造业的面貌。本书还将探讨如何整合这些新兴技术到工艺装备设计中，以满足未来的需求和挑战，笔者将讨论面对未来挑战时的应对策略，包括培训工程师和工作人员以适应新技术，以及采用灵活的制造方法以适应市场需求的变化。本书旨在为制造业的从业者提供全面的工艺装备设计和研究指南，以帮助他们提高竞争力，满足市场需求，并为可持续制造作出贡献。希望这本书能够成为工程师和研究人员的有用资源，帮助他们更好地应对制造业的挑战和机遇。

目 录

第一章　机械制造工艺概述

第一节　机械制造工艺的定义

机械制造工艺是一项涉及材料加工和零部件制造的复杂过程，其目的是将原始材料转化为最终产品。这一过程包括多个步骤，涉及材料选择、切削、成型、连接、装配等诸多环节。机械制造工艺的关键在于通过精确地计划和操作，实现零部件的高精度和质量要求。工艺设计必须考虑到材料的特性、工具和设备的选择以及工序的顺序，以确保生产效率和成本控制。同时，质量控制和检验也是工艺的重要组成部分，以确保最终产品的质量达到标准要求。机械制造工艺的不断优化和创新对于提高制造业的竞争力至关重要，因为它直接影响着产品的性能、可靠性和成本效益。

一、机械制造工艺概述

机械制造工艺是制造业的核心环节，涵盖材料选择、加工工序、设备运用和质量控制等多个方面。材料选择至关重要，需根据产品要求、成本和性能特点选定合适的原材料。加工工序包括切削、冲压、焊接等，每个工序都需要高精度和专业技能。设备运用是关键，精密机床、自动化装备等提高了生产效率。质量控制则是确保产品质量的关键步骤，包括检验、检测和纠正不合格品。综上所述，机械制造工艺是一门复杂而精密的工程，需要综合考虑多个因素，以确保最终产品的质量和性能。

（一）机械制造工艺的基本概念和重要性

机械制造工艺是制造业中至关重要的一部分，它涵盖了将原材料转化为最终产品的一系列步骤和过程。本节将介绍机械制造工艺的基本概念和其在现代制造业中的重要性。机械制造工艺是一种通过加工、装配和整理等多种操作，将原材料或零部件转化为最终产品的技术和方法。它涉及多种工程学科，包括材料科学、机械工程、工业工程等。机械制造工艺的关键步骤包括材料选择、加工工艺的设计、设备选择和控制等。机械制造工艺在现代制造业中扮演着重要的角色，具有以下重要性。

1. 产品质量

机械制造工艺直接影响着产品质量。通过合适的加工工艺和质量控制措施，可以确保产品的精度、表面质量和功能性。良好的工艺可以减少缺陷和不合格品的产生，提高产品质量。

2. 生产效率

机械制造工艺的优化可以提高生产效率。通过合理设计工艺流程、自动化和优化生产线，可以降低生产周期和成本，提高生产能力，满足市场需求。

3. 成本控制

工艺的选择和管理对成本控制至关重要。不仅可以通过合适的原材料选择和加工方法来降低材料成本，还可以通过节约能源、减少废品和提高劳动生产率来控制生产成本。这有助于提高企业的竞争力。

4. 制造创新

机械制造工艺的不断创新推动了产品设计和制造技术的发展。新材料的引入、工艺的改进和数字化制造技术的应用都为制造业带来了更多的可能性，从而增强了创新能力。

（二）机械制造工艺的历史演变

机械制造工艺的历史源远流长，可追溯至古代文明。古代人们使用简单的手工工具进行制造，如石器、陶器等。中世纪时，欧洲的冶金和机械工程取得了一些进展，但技术水平有限。然而，现代工业革命的到来改变了一切。18 世纪末，蒸汽机的发明开启了机械制造的新纪元，使工业化生产成为可能。随后，机床技术的进步和生产线的引入进一步提高了制造效率。20 世纪见证了自动化和计算机技术的崛起，进一步改变了制造业的面貌。现代制造业已经成为全球经济的支柱，为各种产品的生产提供了高度精密和高效率的解决方案。

1. 历史演变

（1）手工制造时代。在人类历史的早期阶段，产品几乎都是通过手工制作的，依赖于熟练工匠的技能。这个时期的生产效率和产品质量受限。

（2）工业革命。18 世纪末和 19 世纪初，工业革命的到来改变了一切。蒸汽机的发明和机械化生产的兴起大幅提高了生产效率。工厂系统、流水线生产和标准化工艺成为关键。

（3）现代制造。20 世纪以来，制造业经历了多次技术革命，包括电气化、自动化、计算机控制和数字化制造。这些技术的应用极大地提高了产品质量、生产效率和成本控制。

2. 现代制造业的地位

现代制造业已成为全球经济的支柱之一。它不仅为各种产品的生产提供了基础，而且创造了大量的就业机会，还促进了技术创新和国家经济的发展。在全球化时代，制造业也在全球价值链中发挥着关键作用。

（三）机械制造工艺对产品质量、生产效率和成本控制的影响

机械制造工艺对产品质量、生产效率和成本控制有深远影响。工艺的精细化直接决定着产品质量，高精度的加工工序和严格的质量控制确保产品符合标准。同时，工艺的优化提高了生产效率，减少了浪费和生产时间，提高了产量。然而，工艺的选择和管理也对成本产生了巨大影响，合理的工艺设计可以降低原材料浪费，减少能源消耗，并优化人力资源利用。因此，机械制造工艺的细致考量对于实现高质量产品、高效率生产和成本控制至关重要。

1. 产品质量

机械制造工艺通过以下方式影响产品质量。

（1）材料选择和处理。选择合适的材料以及适当的热处理、表面处理等工艺可以确保产品的强度、硬度和耐用性。

（2）加工精度。工艺控制和机床的精度直接关系着产品的精度。高精度的加工可以确保产品符合规格要求。

（3）质量检测。工艺中的质量检测和控制步骤可以及早发现缺陷，防止次品出厂。

2. 生产效率

机械制造工艺通过以下方式提高生产效率。

（1）自动化和数字化。自动化生产线和数字化制造系统可以减少人力介入，提高生产速度和一致性。

（2）工艺优化。工艺流程的合理设计和优化可以降低生产周期，减少浪费，提高产能。

（3）设备维护和管理。合理的设备维护和管理可以降低停机时间，提高设备的可用性。

3. 成本控制

机械制造工艺通过以下方式帮助成本控制。

（1）原材料成本。合适的材料选择和工艺可以降低原材料成本。

（2）能源效率。工艺优化可以降低能源消耗，减少生产成本。

（3）废品减少。严格的质量控制和工艺优化可以减少废品率，节省成本。

总之，机械制造工艺是现代制造业的核心，对产品质量、生产效率和成本控制有着深远的影响。随着技术的不断进步，工艺的发展将继续推动制造业的发展和创新。

二、原材料选择与准备

机械制造工艺的成功开始于原材料的选择与准备。原材料的品质直接决定最终产品的性能和质量。制造过程前，必须仔细评估原材料的特性，如硬度、强度、导热性等，以确保其适用于所制产品。随后，原材料需要经过加工前的准备，包括切割、锻造、热处理等步骤，以满足特定工艺要求。精确的原材料选择和准备有助于降低生产中的废品率，提高效率，同时确保产品具备所需的功能和性能，从而在竞争激烈的市场中脱颖而出。

（一）原材料的选择与重要考虑因素

机械制造工艺的成功与否往往依赖于选择合适的原材料。不同的材料在机械制造中具有不同的性能和特性，因此在选择原材料时需要考虑多个因素，以满足产品设计和性能要求。考虑到产品的用途和要求，需要确定原材料的机械性能。这包括材料的强度、硬度、韧性、耐磨性等方面。例如，如果制造一台高压气缸，需要选择具有较高强度和耐磨性的金属材料，如不锈钢或铬钼钢。而如果制造一种需要高韧性的零件，如振动减震器，可以考虑使用合金钢或铝合金。原材料的化学性质也需要考虑。不同的材料在化学性质上有差异，这会影响材料在特定环境下的耐腐蚀性和化学稳定性。如果产品将暴露于腐蚀性环境中，需要选择具有良好抗腐蚀性的材料，如不锈钢或塑料。考虑到温度和压力条件，也需要确保原材料的热稳定性和耐压性。另一个重要的考虑因素是成本。不同的原材料价格差异巨大，因此需要在性能要求和成本之间找到平衡。有时候，可以考虑使用替代材料或合金，以降低成本而不牺牲性能。有时还需要考虑加工性能。不同材料在加工过程中的行为不同，包括切削、焊接、成型等。需要选择能够满足加工要求的材料，以确保生产效率和质量。

（二）原材料的加工前准备步骤

一旦选择了适宜的原材料，接下来需要经历一系列关键的加工前准备，以确保材料具备必要性能。这包括材料的质量检验和性能测试，以确保其符合规范。然后进行切割、热处理或冷却等工序，以调整材料的硬度、强度和其他性能。表面处理也是重要的，如喷涂、涂层或抛光，以提高表面质量和耐腐蚀性。清洗和去除杂质是为了净化材料，确保生产过程的质量。通过加工、锻造或冷锻等方式，将材料塑造成所需的形状和尺寸。这些加工前准备步骤为后续制造提供了坚实基础，确保最终产品满足设计和性能要求。

1. 材料切割。材料通常需要根据设计要求进行切割。这可以通过机械切割、火焰切割、激光切割等方式实现。切割过程需要精确控制，以确保切割边缘的质量。

2. 热处理。热处理是一种改变材料性能的方法，包括退火、淬火、回火等。通过控制温度和冷却速度，可以调整材料的硬度、强度和韧性，以满足特定的工程要求。

3. 表面处理。表面处理包括喷涂、镀层、抛光等工艺，用于改善材料的表面质量和性能。例如，可以通过镀锌来提高金属材料的耐腐蚀性，或通过抛光来提高外观质量。

4. 尺寸检测和校正。在加工前准备步骤中，需要进行尺寸检测和校正，以确保材料的尺寸符合设计要求。这可以通过测量工具、坐标测量机等设备来完成。

5. 清洁和去除污染物。材料表面的污染物和油脂可以影响加工过程和材料性能。因此，需要进行清洁和去除污染物的步骤，以确保材料表面干净。

毋庸置疑，原材料的选取和加工前准备步骤对于机械制造工艺具有至关重要的影响。原材料的选择是制造成功的基石。通过精确的材料选取，可以确保产品在使用中具有所需的强度、耐久性和其他关键性能。考虑到材料的成本和可获得性，正确选择材料还有助于降低制造成本。加工前准备步骤是确保制造流程顺利进行的关键。这包括原材料的切割、成型、热处理和表面处理等环节。这些步骤的精确执行可以提高工件的精度和表面质量，减少后续加工工序中的浪费和损耗。通过适当的加工前准备，可以降低能源消耗，提高生产效率，最终实现成本控制。正确选择原材料和精确的加工前准备是机械制造工艺成功的关键因素。它们不仅影响最终产品的质量和性能，还对生产成本和效率产生深远影响。因此，这些步骤的仔细规划和执行至关重要，可以为制造业带来长期的竞争优势。

三、加工工艺与制造过程

机械制造工艺的深入探讨涵盖了各种加工方法，包括机加工、铸造、锻造、冲压和焊接等。这些方法都有各自的原理和应用。机加工通过切削、钻孔、铣削等方式将材料制成所需形状。铸造则将液态材料倒入模具中，冷却后形成零件。锻造则通过压力和热加工改变材料的形状。冲压是将材料冲击成所需形状，而焊接是将材料永久性连接。数控机床和自动化系统在现代机械制造中发挥着重要作用。数控机床使用计算机控制来实现高精度的加工，提高了生产效率。自动化系统包括自动装配线和机器人，它们可以执行重复性任务，减少人力成本，提高生产速度。这些加工方法和技术的深入理解和应用对于机械制造工业的发展至关重要，它们决定了产品的质量、生产效率和最终成本。

当讨论机械制造工艺中的各种加工方法时，我们可以深入研究以下几种主要的加工方法，包括机加工、铸造、锻造、冲压和焊接。每种加工方法都有其独特的原理、设备和适用领域，同时我们还可以探讨数控机床和自动化系统在现代机械制造中的关键应用。

（一）机加工

机加工是一种常见且广泛应用的加工方法，它通过将工件固定在机床上，然后使用刀具或砂轮等工具以切削或磨削的方式去除材料，来达到精确加工的目的。机加工包括数种不同的方法，如车削、铣削、钻削、磨削等。这些方法具有独特的原理和适用领域。例如，车削是通过旋转工件并用切削刀具来去除材料，适用于圆柱形工件的加工；而铣削则是通过旋转刀具来切削平面或曲面，适用于各种形状的工件。数控机床在机加工中的应用也越来越广泛，它们能够自动执行复杂的加工任务，提高了生产效率和精度。

（二）铸造

铸造是一种将熔化的金属或其他材料倒入模具中，待其冷却凝固后形成所需形状的加工方法。铸造方法适用于生产大型和复杂形状的零件，如引擎缸体、飞机零件等。铸造过程包括模具制造、熔炼、浇注、冷却和脱模等阶段。不同的铸造方法包括压力铸造、重力铸造、砂铸造等，它们适用于不同类型的工件和材料。铸造技术的进步使得工件质量得以提高，并降低了生产成本。

（三）锻造、冲压和焊接

锻造是通过将金属材料置于高温状态下，并施加压力来改变其形状的加工方法。锻造通常用于制造高强度的零件，如曲轴、飞机零件等。冲压是通过将金属材料置于模具中，然后用压力将其切割或冲压成所需形状的加工方法，适用于大规模生产薄板零件。焊接是将两个或多个金属部件通过加热并加入填充材料，使其融合在一起的加工方法，适用于连接和修复金属结构。这些方法都具有高度的工艺性，需要操作员有一定的技能和经验。

（四）数控机床和自动化系统

在现代机械制造中，数控机床和自动化系统起到了关键作用。数控机床通过预先编程的指令来自动控制加工过程，提高了生产的精度和效率。自动化系统包括机器人和自动化生产线，它们能够执行各种加工和装配任务，减少了人力成本，并提高了生产的一致性和速度。这些技术的不断发展使得制造业能够更灵活地适应市场需求变化，提高了竞争力。

总结而言，机械制造工艺是一个多元化的领域，包括机加工、铸造、锻造、冲压、焊接等多种加工方法。每种方法都有其独特的原理、专用设备和适用领域，为不同类型的零部件和产品提供了多样选择。数控机床和自动化系统的广泛应用在现代机械制造中起到了革命性的作用，提高了生产效率、降低了成本，并确保了产品的一致性和高质量。因此，深入研究和充分理解这些工艺和技术是现代机械制造行业取得成功的关键因素，有助于推动制造业不断发展和创新。

四、质量控制与工艺改进

质量控制与工艺改进相辅相成，是制造过程中的双重关注。质量控制侧重于监测和评估产品，以确保其符合标准。这包括检验、测试和检测，旨在及早发现并纠正任何缺陷。与此同时，工艺改进关注的是生产过程本身，旨在提高生产效率和降低成本，同时确保产品质量。通过使用先进的生产技术、优化工序和减少浪费，工艺改进可以实现更高水平的质量控制。质量控制与工艺改进相互支持，共同推动制造业向更高质量、更高效率的方向发展。

（一）质量控制方法

机械制造工艺中，质量控制方法是确保制造出高质量产品的重要手段。质量控制方法包括严格的规格标准、先进的检测技术和持续的改进过程，以确保产品满足设计要求并达到客户期望。规格标准是质量控制的核心。这些标准明确定义了产品的特性和性能要求，包括尺寸、材料、表面处理等方面的要求。通过明确的规格标准，制造过程中可以确保每个工件都符合相同的标准，从而提高产品的一致性和可靠性。规格标准还可以作为质量控制的参考，以便及时发现和纠正潜在的问题。先进的检测技术对于质量控制至关重要。现代机械制造业使用各种高精度的检测设备，如三坐标测量机、X 射线检测和激光测量等，来检查工件的尺寸、形状和质量。这些技术可以快速而准确地识别任何缺陷或偏差，从而确保不合格产品不会流入市场。自动化检测系统可以提高生产效率，减少人为错误的风险。

此外，过程控制也是质量控制的关键。通过监测制造过程中的各个环节，可以及时发现潜在问题并采取纠正措施，以确保产品质量稳定。过程控制可以包括温度、压力、速度等参数的实时监测，并根据数据分析来调整生产过程。这有助于降低变异性，提高生产一致性。持续改进是质量控制的关键要素。制造企业应不断寻求改进机会，以提高产品质量和生产效率。这可以通过定期的质量审查、员工培训和技术创新来实现。持续改进的方法包括精益制造、六西格玛和质量功能展开等，它们有助于识别问题的根本原因并采取有效的纠正措施。质量控制方法在机械制造工艺中起着至关重要的作用。通过明确的规格标准、先进的检测技术、过程控制和持续改进，制造企业可以确保生产出高质量的产品，满足客户需求，并在市场竞争中取得成功。这些方法的有效应用有助于提高生产效率、降低成本，并增强企业的竞争力。

（二）工艺改进策略

工艺改进策略在机械制造工艺中扮演着至关重要的角色，它们有助于提高生产效率、降低成本、提高产品质量和满足不断变化的市场需求。以下是一些关键的工艺改进策略。

1. 自动化和智能化。引入自动化设备和智能制造技术是工艺改进的关键一步。自动化可以提高生产效率，减少人为错误的风险，并实现 24/7 的生产。智能化制造系统可以通过实时数据分析来优化生产过程，预测维护需求，提高设备利用率。

2. 精益制造。精益制造方法注重减少浪费，包括时间、资源和人力。通过价值流分析、5S 整理、单点改进等技术，可以识别并消除生产过程中的浪费，从而提高生产效率和产品质量。

3. 六西格玛。六西格玛方法致力于减少变异性，以确保产品的稳定性和一致性。它使用统计分析来识别和解决制造过程中的问题，从而降低不合格品的产生率。

4. 质量功能展开（QFD）。QFD是一种将客户需求转化为产品设计和制造过程的方法。它可以帮助制造企业更好地理解客户需求，确保产品在设计阶段就满足这些需求，从而减少后续的修复和改进工作。

5. 持续改进文化。建立一种持续改进的文化对于工艺改进至关重要。这包括鼓励员工提出改进建议、提供培训和发展机会，以及建立反馈机制来收集员工的经验和见解。

6. 材料和工艺优化。不断寻求更好的材料和工艺方法是工艺改进的一部分。新材料的引入可以提高产品性能，而新工艺可以降低生产成本和提高效率。

7. 环境友好制造。随着环境法规的不断加强，环境友好制造已经成为工艺改进的重要方向。采用可再生能源、减少废物和排放、提高资源利用率等方法，有助于降低环境影响并提升企业形象。

8.Design for Manufacturability （DFM）。DFM方法注重在产品设计阶段考虑制造过程的可行性。这有助于降低生产成本，缩短生产周期，并降低产品开发风险。

工艺改进策略是机械制造工艺中不可或缺的一部分，它们可以提高生产效率、降低成本、提高产品质量，并满足市场需求的变化。综合运用上述策略，制造企业可以在竞争激烈的市场中保持竞争优势，实现可持续发展。

（三）六西格玛和质量管理系统的应用

六西格玛和质量管理系统（QMS）是在机械制造工艺中广泛应用的工具，用于提高产品质量和生产效率。六西格玛和质量管理系统在机械制造工艺中的应用是为了确保产品质量的稳定性和一致性，提高生产效率，降低成本，以满足客户需求和维护企业的竞争力。

六西格玛是一种管理方法，它强调减少制造过程中的变异性，以确保产品能够达到设计要求。这一方法将生产过程的目标定为实现每百万个产品只有几个缺陷的水平，以极大程度地提高质量水平。通过六西格玛，制造企业可以识别和消除导致产品不合格的根本原因，从而降低废品率，提高产品的一致性。

质量管理系统则是一套规定了组织内部质量管理和控制标准的体系，以确保产品和服务满足客户需求。常见的质量管理系统包括ISO 9001和TQM（全面质量管理）等。这些体系要求企业建立质量方针、程序和流程，以确保质量标准得到遵守和实施。通过质量管理系统，企业可以建立透明的质量控制流程，确保产品从设计到交付都符合质量要求。

在机械制造工艺中，六西格玛和质量管理系统的应用可以通过以下方式体现。

1. 通过实施六西格玛方法，企业可以使用统计工具来分析和改进生产过程，以减少变异性。这有助于提高产品的一致性，减少不合格品的产生，降低维修和返工的成本。

2. 质量管理系统可以确保质量标准得到明确定义，并通过内部审查和监测来持续维护。这有助于建立质量意识，并确保所有员工都了解并遵守质量政策和程序。

3. 六西格玛和质量管理系统都鼓励持续改进。通过持续改进，企业可以不断寻找提高质量和效率的机会，确保其制造过程能够适应市场的不断变化。

最重要的是，这两种方法都强调客户需求的重要性。通过理解客户需求，企业可以根据市场反馈进行调整和改进，以确保产品和服务能够满足客户期望，增强客户忠诚度。总结而言，六西格玛和质量管理系统在机械制造工艺中的应用是为了提高质量、降低成本、提高生产效率，并确保产品满足客户需求。这两种方法的综合应用有助于建立高度可靠的制造过程，为企业的长期竞争力和可持续发展提供坚实的基础。

通过以上探讨，读者将得以全面理解机械制造工艺的内涵和其在制造领域的卓越重要性。同时，将深入了解如何在不同制造阶段中智选原材料、高效进行加工、严格掌控产品质量，并不断改进制造工艺。这一系列知识不仅有助于增进对机械制造工艺的深刻理解，更可以为制造业从业者和工程师提供关键的指导，使他们能够更加有效地规划、设计和制造机械零部件与产品，从而为企业的竞争力和创新力注入新的活力。这些知识不仅是制造领域的基础，更是在不断演进的技术环境中保持竞争力的不可或缺的工具，为创造高质量、高性能的机械产品提供了坚实的基础。

第二节　工艺流程与步骤

机械制造工艺的工艺流程和步骤是生产制造过程的关键。确定产品设计和规格，然后选择合适的原材料。接着进行材料预处理，包括清洗、切割和热处理。随后，根据产品要求进行精确的加工工序，如车削、铣削和冲压。加工完成后，进行装配和组装，确保各部件的连接正确。进行质量检验和测试，以确保产品符合标准。如果出现问题，需要返工或修复，直到产品质量满足要求。整个过程需要高度的技术和质量控制，以确保最终产品的性能、质量和可靠性。

一、工艺规划与设计

在机械制造工艺中，工艺规划与设计是至关重要的环节。要明确产品的需求和规格，然后根据这些要求选择合适的原材料。接着，设计加工工序和流程，确保能够实现所需的产品形状和尺寸。工具和设备的选择也是重要的，需要考虑其适应性和效率。同时，要制订质量控制计划，确保生产过程中的质量标准得到满足。评估生产成本，寻找降低成本和提高效率的方法。工艺规划与设计的成功关键在于综合考虑材料、工序、设备和质量，以实现高质量、高效率的生产。

（一）确定产品设计要求

机械制造工艺的规划和设计始于对产品设计要求的明确理解。这一阶段是确保工艺成功和可行性的关键。工程师和设计团队需要详细了解产品的设计规格，包括尺寸、形状、材料要求、性能指标等。这些规格将直接影响工艺的选择和设计。考虑产品的预期用途和环境条件，以确定产品的功能性和耐用性要求。不同的应用场景可能需要不同的工艺和材料选择。还需要考虑成本目标和生产量要求。制订合理的成本预算和生产计划对工艺设计至关重要。要考虑产品的标准和法规要求，以确保产品符合相关标准并满足法规要求。

（二）选择加工方法和工艺路线

一旦产品设计要求明确，接下来需要选择合适的加工方法和工艺路线。选择加工方法时，需要考虑材料的类型和性质，以及产品的设计特点。常见的加工方法包括铣削、车削、冲压、焊接、锻造等。选择正确的加工方法可以最大限度地满足产品设计要求并确保工艺的可行性。制定工艺路线时，需要确定加工过程中各个工序的顺序和关联性。考虑到原材料准备、切割、成型、装配等环节，确保工序之间的协调和流程的顺畅。

（三）制定生产计划和考虑效率因素

在工艺规划和设计中，制订生产计划是至关重要的一步。生产计划应包括生产时间表、设备需求、材料采购计划等方面的信息。考虑原材料时，需要确定原材料的类型、规格和供应来源，确保原材料的可用性和质量符合产品要求。选择和安排加工设备也是工艺设计的关键因素。需要考虑设备的能力、精度和效率，以确保它们能够满足生产需求。工序顺序的安排也需要考虑生产效率因素。合理的工序排列可以减少生产时间和成本，提高生产效率。要考虑质量控制和质量保证措施，以确保最终产品符合设计要求。

综上所述，机械制造工艺的规划和设计阶段是确保工艺的有效性和可行性的关键。这个阶段不仅涉及产品设计要求和原材料选择，还包括确定加工方法和工艺路线，制订详细的生产计划，考虑生产效率和成本效益因素。通过精心规划和设计，可以确保工艺的顺利实施，避免生产过程中的问题和延误，并最终实现高质量、高效率的产品生产。这种综合考虑各个因素的方法有助于确保机械制造工艺的成功和可持续发展，满足市场需求并提升竞争力。

二、加工与制造步骤

加工与制造的步骤紧密相连，包括多个关键环节。确定产品需求和规格，选择合适的原材料。然后，进行材料预处理，包括清洗、切割和热处理。接下来，进行精密的加工工序，如车削、铣削和冲压，以制造零部件。完成加工后，进行装配和组装，确保各部件正确连接。进行质量检验和测试，以确保产品达到标准。如果存在问题，需进行返工或修复。整个过程需要高水平的技术和质量控制，以确保最终产品性能、质量和可靠性。

（一）确定产品需求和规格，选择原材料

加工与制造的第一步是明确产品的需求和规格。这包括确定产品的尺寸、形状、性能指标、功能要求以及外观要求。产品需求和规格的明确定义对后续的加工和制造过程至关重要，因为它们将直接影响材料的选择和加工工艺。

一旦产品需求和规格明确，接下来是选择合适的原材料。材料的选择依赖于产品的设计要求、功能性质和环境条件。不同的原材料具有不同的特性，如金属、塑料、复合材料等，需要根据产品的性能需求来进行选择。此时还需考虑材料的成本、可供性和可加工性。

（二）材料预处理和加工

材料预处理是确保原材料在加工和制造过程中具有所需性能的重要步骤，包括清洗、切割和热处理等操作。

1. 清洗。原材料可能会受到污染、油污或表面氧化等影响。清洗过程可以去除这些不洁物质，确保材料表面干净。

2. 切割。原材料通常需要根据产品的设计要求进行切割。切割可以采用不同的方法，如机械切割、火焰切割、激光切割等，以确保尺寸准确。

3. 热处理。热处理是一种改变材料性能的方法，包括退火、淬火、回火等。通过控制温度和冷却速度，可以调整材料的硬度、强度和韧性，以满足特定的工程要求。

（三）精密加工、装配和质量控制

在原材料预处理之后，进行精密加工工序，如车削、铣削、冲压等，以制造产品的零部件。这些工序需要高精度的机床和技术，确保产品的尺寸和形状符合规格。完成加工后，进行装配和组装。这包括将各个零部件正确连接，确保产品的功能性和结构完整性。装配过程需要精确地操作和质量控制，以避免装配错误和不良品。进行质量检验和测试，以确保产品达到设计要求和标准。这可以包括尺寸测量、性能测试、可靠性测试等。如果发现问题，需要进行返工或修复，直到产品满足质量要求。

整个加工与制造过程需要高水平的技术和质量控制，以确保最终产品的性能、质量和可靠性。任何环节的失误都可能导致产品不合格，因此严格的质量管理和持续改进是关键。

三、质量控制与改进

机械制造的质量控制与改进是现代制造业中至关重要的一环。高质量的机械制造可以提高产品性能、延长使用寿命，并降低维护成本。要实现机械制造的质量控制和改进，必须采取一系列有效的措施。关键是确保制造过程的稳定性。这包括确保原材料的质量稳定，避免生产中的变化和不稳定因素，以及建立严格的生产标准和工艺流程。稳定的制造过程有助于减少产品变异，提高质量一致性。监控和测量是至关重要的。通过使用先进的监测和测量设备，可以实时监控制造过程中的关键参数，以便及时检测和纠正潜在的问题。同时，进行定期的产品检验和测试，以确保产品符合质量要求。

员工的培训和技能提升也是关键因素。员工需要具备足够的技术知识和操作技能，以确保他们能够正确执行生产任务，并识别和解决问题。通过培训和教育，可以提高员工的质量意识和技能水平。同时，供应链管理也是不可忽视的一环。供应链中的每个环节都可能影响最终产品的质量。因此，与供应商建立紧密的合作关系，确保他们也符合质量标准，是确保产品质量的关键。质量改进是一个持续的过程。通过收集和分析数据，可以识别潜在的问题和改进机会。采用质量管理工具和方法，如六西格玛和精益生产，可以帮助组织识别并消除质量问题的根本原因。反馈机制也是质量改进的关键。从客户和市场反馈中获取信息，可以帮助组织了解产品的实际性能和客户需求。这些反馈信息可以用来指导产品设计和制造过程的改进。机械制造的质量控制与改进是一个复杂而持续的过程，涉及多个方面，包括制造过程的稳定性、监控和测量、员工培训、供应链管理、数据分析和反馈机制。只有综合考虑这些因素，才能实现持续的质量改进，提高产品质量，满足客户需求，保持竞争力。

上述内容为读者提供了深入了解机械制造工艺流程与步骤的关键要点的机会。从规划和设计阶段开始，一直到实际加工和制造，再到质量控制和改进，这些章节详细讨论了每个阶段的重要性和关联性。对制造业的从业者和工程师来说，这些知识是非常重要的。在规划和设计阶段，他们需要确保产品的设计是可制造的，并且考虑到了制造工艺的各种要求和限制。然后，在实际加工和制造阶段，他们必须精确执行计划，确保产品按照规定的标准和质量要求进行生产。在质量控制和改进阶段，他们需要监测和评估产品的质量，并采取措施来改进工艺以提高产品质量和生产效率。这些知识可以帮助制造业的从业者和工程师更好地管理和优化机械制造工艺。通过深入了解每个阶段的关键要点，他们可以更好地规划和执行制造过程，降低生产成本，提高生产效率，同时确保产品质量达到预期水平。这对于制造业的竞争力和长期成功至关重要，因此这些知识对他们来说具有重要意义。

第三节　制造工艺的发展历程

机械制造工艺的演进源远流长。古代手工工艺是起点，随着工业革命的兴起，机械化制造崭露头角。19 世纪末，电力和内燃机的出现推动了自动化。20 世纪中期，数字控制机床和计算机技术崛起，实现高精度制造。近年来，先进材料、3D 打印和人工智能逐渐应用，创造了更灵活和智能的制造工艺。机械制造工艺的发展一直在追求效率、精度和可持续性的平衡，塑造了现代制造业。

一、古代到工业革命前

古代至工业革命前，人类文明历经漫长岁月。最早的文明在河流流域兴起，如尼罗河和黄河，农业为人类提供食物和财富，定居生活逐渐取代游牧。金属冶炼技术的发展带来了青铜时代和铁器时代，武器和工具更加先进。古埃及、巴比伦和希腊罗马等古代文明崛起，建筑、数学、哲学繁荣。中世纪见证了封建制度的兴盛，农业和手工业成为主导经济，基督教教会对社会权力有巨大影响。工业革命前夕，科学思想和技术创新开始浮现。启蒙时代强调理性和启发，科学方法得以确立。农业革命提高了粮食产量，城市化加速。手工业逐渐机械化，纺织业和煤矿业率先采用水力和蒸汽动力。这些变革奠定了工业革命的基础，将人类社会引向了新的发展阶段。

（1）古代（古代至中世纪初期）

在古代，机械制造工艺的发展主要依赖于人力和简单工具。古代文明如古埃及、古希腊和古罗马都使用了一些基本的机械装置，如水车、绞盘和滚轮。这些机械装置用于农业、建筑和运输等领域，有助于提高生产力和工作效率。在古代中国，也出现了一些重要的机械制造技术，如齿轮传动和锻造。这些技术为后来的工业革命奠定了基础。

（2）中世纪（中世纪初期到工业革命前）

中世纪期间，机械制造工艺的发展相对缓慢，主要受到宗教和封建体制的限制。然而，在这个时期，一些新的机械装置开始出现，如风车和水车。这些装置用于磨谷物、提供能源和进行一些基本的工业生产。中世纪的工匠逐渐形成了行会制度，传承和改进了一些机械制造技术。在中世纪晚期，欧洲的大学开始出现，为科学研究和技术创新提供了一定的支持。

（3）工业革命前（17 世纪末至 18 世纪）

工业革命前期是机械制造工艺发展的一个关键时期。在这个时期，一系列重要的发明和创新改变了制造业的面貌。其中最重要的是蒸汽机的发明，由詹姆斯·瓦特于 18 世纪后期改进并推广。蒸汽机的出现革命性地提高了动力来源的效率，使工厂能够大规模生产产品，加速了工业化的进程。

总的来说，机械制造工艺在古代、中世纪和工业革命前经历了逐渐发展的过程，从简单的机械装置到蒸汽机和自动化机械的出现，为工业革命的爆发创造了基础。这些发展为现代工业制造奠定了坚实的基础，推动了社会经济的变革。

二、工业革命以后至今

工业革命催生了巨大变革，自那时以来，人类历经飞速发展。机械化推动制造业蓬勃发展，电力和内燃机引领新能源时代，20世纪见证了科技革命。数字化技术崭露头角，计算机改变了工作方式。全球化架起桥梁，国际贸易蓬勃发展。近年，可再生能源和环保技术崛起，应对气候挑战。智能技术赋予设备思维能力，人工智能助力各行业创新。未来，创新将继续推动工业演进，解决全球性挑战，为人类创造更美好的未来。

（1）工业革命后期到20世纪中期（19世纪末至20世纪50年代）

这个时期见证了工业制造领域的快速发展和创新。关键技术包括电力、内燃机、化学工程和钢铁制造的进步。电力的广泛应用使工厂能够更高效地运转，而内燃机的发明改变了交通和机械工程。化学工程的发展推动了新材料的研究和制造，特别是合成塑料和橡胶。这个时期还标志着流水线生产方法的兴起，亨利·福特的流水线制造模式改变了汽车制造业，并成为现代大规模生产的典范。这一时期也见证了制造业的全球化趋势，随着贸易的扩大，制造业开始在不同国家之间分工合作，进一步推动了技术创新和生产效率的提高。

（2）20世纪中期到末期（20世纪60年代至21世纪初）

在这个时期，计算机技术的崭露头角彻底改变了机械制造工艺。计算机数控（CNC）机床的出现使得精密加工和自动化生产变得更为容易和可行。这一技术的应用使制造业得以实现更高的精度和效率，同时也减少了制造过程中的人工干预。

材料科学的进步导致了新材料的发展，如高强度钢、复合材料和先进陶瓷。这些新材料具有更好的性能特性，扩展了产品设计和制造的可能性。

（3）21世纪至今

在当今时代，数字化技术、物联网（IoT）、人工智能（AI）和自动化技术等正在改变机械制造工艺的方式。制造业正朝着智能制造（Industry 4.0）的方向迅速发展，工厂中的设备和生产线可以通过互联网连接，实现实时监控、自动化调整和数据分析。这使制造业能够更加灵活地应对市场需求和生产变化。3D打印技术也是一个重要的创新，它允许以层叠方式制造复杂的零部件和产品，减少浪费和物料成本，同时加速产品开发周期。

自工业革命后期至今，机械制造工艺经历了深刻的演变，从最初的机械化逐步演化为自动化、数字化和智能化的全新境界。这一演变不仅革新了制造业，而且为新兴产业如电动汽车、航空航天和生物医学领域带来了前所未有的机遇。机械化时代见证了机械工具的广泛应用，推动了制造效率的显著提升。但随着电力和内燃机的兴起，自动化开始崭露头角。传动系统、传感器和控制技术的发展，使生产线能够实现更高的自主性和可编程性。这为大规模生产奠定了基础，提高了生产效率和产品一致性。数字化技术的崛起进一步改变了制造业。计算机控制和数值模拟使得产品设计和制造变得更加精确和可靠。CAD/CAM 系统的广泛应用加速了制造工艺的数字化转型，使复杂部件的制造变得更加容易。智能化制造正成为制造业的新趋势。人工智能、物联网和大数据分析赋予机械设备智能决策能力。工厂自动化和协作机器人正在改变生产方式，使生产线更加灵活和高效。这些技术不仅提高了生产率，还为个性化定制和可持续生产提供了新的机会。自工业革命后期以来，机械制造工艺经历了令人瞩目的演变，从机械化到自动化、数字化和智能化的跨越性发展。这一转变不仅提高了制造业的效率和质量，还为多个领域带来了创新的可能性，为未来的制造业带来了无限前景。

第四节　制造工艺中的关键挑战

在制造工艺中，关键挑战层出不穷。技术日新月异，需要不断跟进最新工艺和设备，以保持竞争力。同时，全球供应链的复杂性也在不断增加，涉及跨国合作和物流难题。资源可持续性和环境法规也对制造业构成威胁，推动了可持续生产和绿色制造的需求。质量控制始终是一项重要挑战，因为产品必须满足高标准，而制造过程中的变异性可能导致不一致的质量结果。人力资源也是一个关键问题，制造业需要拥有高技能的工人和工程师，但这些人才有时难以招聘和留住。制造工艺中的自动化和数字化转型，虽然有助于提高效率，但也需要大量的投资和技术集成，带来管理和文化变革的挑战。市场需求的快速变化也是一项挑战，制造业必须灵活应对，以满足不断变化的客户要求。这些挑战需要制造业领导者不断创新和适应，同时寻找解决方案，以确保生产的质量、效率和可持续性，以应对日益激烈的全球竞争。

一、材料与加工技术的挑战

材料与加工技术面临着严峻挑战。新材料的研发需要克服高成本和环保问题，以满足不断增长的需求。同时，加工技术必须适应复杂构件和精密加工的要求，提高效率和精度。材料与加工技术的可持续性也备受关注，需要降低资源消耗和废弃物产生。数字化制造和智能制造的兴起要求工业界不断学习和适应新技术，以保持竞争力。这些挑战需要全球协作和持续创新，以满足日益复杂和多样化的市场需求。

（一）材料挑战

1. 新材料的开发和应用。随着科学技术的不断进步，人们对于新材料的需求也在不断增加。制造业需要材料具备更高的强度、更低的重量、更好的耐腐蚀性、更高的温度稳定性等性能。这意味着需要不断开发新的高性能材料，如复合材料、超高强度金属、高温合金等，以满足不同行业的需求。

2. 可持续性和环保。材料选择和制造过程的环境影响已经成为一个重要的挑战。制造业需要更加注重可持续性和环保，寻找环保材料和制造方法，减少废弃物和污染物的排放。同时，可再生能源的使用也在推动绿色制造的发展。

（二）加工技术挑战

1. 精度和复杂性要求。现代产品对制造精度和复杂性的要求越来越高，这要求加工技术能够实现更高的精度和更复杂的工艺。例如，微纳米级的加工需求对传统加工方法提出了巨大挑战，需要更精密的机床和先进的制造工艺。

2. 数字化转型。制造业正经历数字化转型，这涉及智能工厂、物联网、大数据分析和人工智能等技术的应用。但这种转型需要大量的资金投入和技术更新，同时也需要培养具备数字化技能的工人和工程师，这是一个巨大的挑战。

3. 制造过程的自动化和自适应性。自动化技术的发展是提高生产效率的关键，但要实现高度自动化的制造过程，需要解决传感器技术、机器学习和控制系统的挑战。制造业需要自动适应不同工艺和产品的制造过程，以应对市场变化和客户需求。

机械材料与加工技术的挑战在不断演化，需要不断地创新和投资来应对。同时，制造业也需要与科学界、政府和社会各界紧密合作，以找到可行的解决方案，推动制造业的可持续发展并提高竞争力。

二、自动化与数字化制造的挑战

在机械制造工艺中，自动化与数字化制造带来了诸多挑战。自动化需要高度精确的机器和系统，维护成本高且对技术人才需求大。数字化制造涉及大规模数据处理和物联网技术，数据安全和隐私成为重要问题。传统制造企业需要适应新技术，改造现有工厂，这需要巨额投资。同时，员工需要重新培训以适应数字环境，引发文化变革挑战。最终，自动化与数字化制造需要稳定的电力和网络基础设施，这在某些地区可能不可靠，增加了不确定性。自动化与数字化制造是机械制造工艺领域的重要发展趋势，但它们也面临着各种挑战，以下是对这两个方面挑战的论述。

（一）自动化制造的挑战

1. 初始投资和成本。引入自动化制造系统需要大规模的初始投资，包括购买机器人、自动化设备、传感器和控制系统等。这对中小企业来说可能是一个巨大的负担，因此资金问题是一个重要的挑战。

2. 技术复杂性。自动化制造系统通常涉及多种技术和工程领域的知识，包括机械工程、电子工程、计算机科学等。管理和维护这些系统需要高度专业化的技能，企业需要拥有足够的技术人才来支持自动化工艺。

3. 工人就业和转型。自动化制造可能导致一部分传统工人失去工作机会。因此，社会需要制订政策和计划，以确保这些工人能够获得再培训和转型机会，适应新的制造环境。

（二）数字化制造的挑战

1. 数据安全和隐私。数字化制造需要大量的数据收集和共享，涉及产品设计、制造过程和供应链等多个环节。因此，数据的安全性和隐私保护成为重要问题，需要采取措施来防止数据泄露和滥用。

2.. 技术标准和互操作性。不同制造设备和系统通常使用不同的技术标准和通信协议。确保各种设备和系统之间的互操作性是一个挑战，需要制定统一的行业标准，并投资于设备之间的连接和集成技术。

3. 数字化技能短缺。数字化制造需要工人具备数字技能，包括数据分析、云计算、人工智能等方面的知识。目前，数字技能短缺是一个普遍问题，需要加强教育和培训，以满足工业界的需求。

总的来说，自动化与数字化制造的挑战包括成本、技术复杂性、工人就业和转型、数据安全、技术标准和数字化技能等方面。克服这些挑战需要企业、政府和教育机构的紧密合作，以推动制造业的现代化和竞争力提升。

三、环境与可持续性的挑战

机械制造工艺面临着环境与可持续性挑战。工业活动引发资源过度消耗和能源浪费，对环境造成污染和生态破坏。原材料开采和废弃物处理需谨慎考虑，减少生态足迹。同时，制造工艺需要降低能耗，采用清洁能源，减少温室气体排放。可持续生产要求材料回收和再利用，推动循环经济。制造企业需积极采纳绿色技术和绿色设计理念，以满足不断增长的环保法规和消费者的可持续要求，实现环境友好和经济可持续的发展。

（一）资源利用与能源消耗

1. 材料选择。机械制造过程中常常需要大量的原材料，包括金属、塑料、玻璃等，而这些材料的采集和加工会对自然环境造成不可逆的损害。因此，材料的选择和使用需要更加谨慎，优先选择可再生材料和回收材料，减少资源的浪费。

2. 能源消耗。机械制造工艺通常需要大量的能源，尤其是电力和燃料。为了减少对化石燃料的依赖和减少温室气体排放，制造业需要采用更加能效的生产工艺和设备，推广可再生能源的使用，以降低对环境的影响。

（二）废物产生与处理

1. 废物产生。机械制造工艺会产生大量废物和废水，包括废弃的材料、工艺副产品和化学废物。这些废物对环境造成直接的污染和资源浪费。因此，制造企业需要采取措施减少废物的产生，如采用精细化工艺、提高材料利用率等。

2. 废物处理。废物的处理和处置也是一个重要的环境挑战。不合规的废物处理会导致土壤、水源和大气污染，对生态系统和人类健康造成威胁。可持续的废物管理包括回收再利用、妥善处置、危险废物的安全处理等方面的努力。

（三）环境法规和社会责任

1. 环境法规。越来越多的国家和地区实施了严格的环境法规，对制造业提出了更高的环保要求。制造企业需要遵守这些法规，否则可能面临严重的法律责任和经济处罚。这也促使企业加强了环保技术和管理体系的建设。

2. 社会责任。消费者和投资者对企业的社会责任意识不断增强，他们更加关注企业的环境表现和可持续性实践。因此，制造企业需要积极参与社会责任，包括降低碳排放、减少污染、改善员工福利等，以维护企业的声誉和可持续性发展。

总之，机械制造工艺中的环境与可持续性挑战涵盖了资源利用、能源消耗、废物管理、法规合规和社会责任等多个方面。制造企业需要采取积极的措施，以减少对环境的负面影响，实现可持续的生产和发展。

第二章　工艺装备的设计原则

第一节　设计过程与流程

设计过程与流程是创新的关键，它们为产品和系统开发提供了有条不紊的指导。设计通常从明确定义的目标出发，包括性能、功能和成本等要求。随后，搜集信息和研究市场趋势，以了解竞争环境和用户需求。基于这些数据，设计团队开始概念生成，产生各种设计方案。这些方案需要进行筛选和评估，以确定最有前途的方案。一旦选定设计方案，就进入了详细设计阶段。在这个阶段，需要制定详细的规格和技术要求，包括材料、尺寸和制造工艺。同时，进行原型制作和测试，以验证设计的可行性和性能。根据测试结果，对设计进行修改和优化。制订生产计划和工艺流程。这包括材料采购、零部件制造和组装流程的规划。同时，考虑质量控制和质量保证措施，以确保最终产品的质量和性能。在制造阶段，需要监督生产过程，确保按照计划进行。同时，采取措施来解决可能出现的问题，以防止生产中断。一旦产品制造完成，需要进行质量检验和测试，以确保符合规格和标准。产品准备上市和销售。这包括市场推广、销售渠道的建立和售后服务的规划。同时，需要考虑产品的生命周期管理，包括维护、升级和废弃阶段的管理。设计过程与流程是一个系统性的活动，从概念生成到产品上市都需要精心规划和执行。这个过程需要不断地反馈和改进，以确保产品满足市场需求，并实现商业成功。

一、产品设计过程

产品设计是创造性的工作，始于明确目标，包括性能、功能和成本。收集信息、研究市场，深入了解竞争环境和用户需求。生成概念，创造各种设计方案，筛选、评估并确定最有前途的方案。选定设计后，进行详细设计，明确规格和技术要求。制作原型，验证设计可行性和性能，根据测试结果进行修改和优化。制订生产计划和工艺流程，考虑质量控制措施。监督生产，解决潜在问题，确保符合计划。产品制造完成后，进行质量检验和测试。市场推广、建立销售渠道和规划售后服务，同时考虑产品的整个生命周期管理，包括维护、升级和废弃。产品设计是一个系统的、持续改进的过程，旨在满足市场需求并取得商业成功。

机械制造工艺中的产品设计过程是制造业的重要环节，它涵盖了产品概念的形成、设计规格的制定、原型制作以及最终产品的生产准备等各个阶段。

（一）概念和规格制定阶段

1. 概念阶段。产品设计的起点是确定产品的概念和目标。这一阶段需要设计团队进行市场调研，了解消费者需求和竞争情况，以确定产品的市场定位和核心竞争优势。设计师需要创造性地提出多种概念，并选择最具潜力的概念进行深入研究。

2. 规格制定。在确定产品概念后，设计团队需要明确产品的技术规格和性能要求。这包括确定产品的尺寸、材料、功能、性能指标、制造工艺等。这一阶段需要深入的工程知识和分析，以确保产品能够满足市场需求，并且能够在制造过程中实际生产出来。

（二）设计和开发阶段

1.3D 建模和虚拟原型制作。一旦产品规格明确，设计师可以使用计算机辅助设计（CAD）软件创建三维模型。这使设计师能够可视化和优化产品的外观和结构，以便更好地满足设计规格。在这个阶段，虚拟原型的制作对于识别和解决潜在的设计问题非常重要。

2. 原型制作。在虚拟设计完成后，通常需要制作物理原型进行测试和验证。原型制作可以采用不同的方法，包括 3D 打印、快速成型、加工和装配等。通过原型制作，可以评估产品的实际性能、可制造性和可维修性等方面，并进行必要的改进。

3. 制造过程考虑。在产品设计过程中，必须考虑到最终的制造工艺。设计师需要确保产品的结构和组件可以容易地制造和装配，以降低生产成本和提高生产效率。同时，设计师还需要考虑材料的选择和工艺要求，以确保产品达到设计规格。

机械制造工艺中的产品设计过程是一项复杂的任务，通常分为多个关键阶段。设计团队必须深入了解市场需求和竞争情况，以明确定义产品的目标和要求。这涉及市场研究、用户反馈和竞争分析。在明确目标后，设计团队开始着手概念生成，寻找各种可能的设计方案。这是一个富有创造性的过程，要求团队充分发挥想象力和创新能力。各种概念必须接受严格的筛选和评估，以确定哪些方案最具前景，最符合预期目标。选定设计方案后，详细设计阶段开始。在这一阶段，团队需要确定材料、尺寸、制造工艺等技术细节。原型制作和测试是不可或缺的步骤，可以验证设计的可行性和性能。根据测试结果，进行修改和优化，确保产品达到预期水准。制订生产计划和工艺流程，确保产品可以在规定的时间内、成本内生产出来。质量控制和质量保证措施是至关重要的，以确保最终产品的质量和性能。产品准备上市和销售。市场推广、销售渠道的建立和售后服务的规划都是关键步骤。同时，产品的生命周期管理也需要考虑，包括维护、升级和废弃阶段的管理。产品设计过程是一个多阶段的、综合性的任务，需要在市场需求、技术规格、创新设计、原型测试和制造流程之间取得平衡。成功的产品设计可以为制造业带来竞争优势，满足不断演变的市场需求，并为公司创造长期的商业价值。

二、工程项目管理流程

工程项目管理是一个复杂的过程，包括计划、执行和监控项目，以实现目标。项目需求分析和目标设定，确定项目范围和预算。接下来，项目计划，包括资源分配和时间表制订。执行阶段涉及任务分配和工作实施。监控和控制是持续的活动，以确保项目进展如期，问题及时解决。沟通在整个过程中至关重要，涉及各方利益相关者。项目完成后，评估和总结经验教训，为未来改进提供指导。工程项目管理要求协调、沟通、风险管理和资源优化，以实现项目成功交付。机械制造工艺中的工程项目管理流程可以分为以下两个主要阶段。

（一）项目规划与启动阶段

在机械制造工艺项目管理中，规划与启动阶段是至关重要的，它为项目的成功奠定了坚实的基础。

1. 项目定义。明确定义项目的范围、目标和可交付成果。这意味着明确了要制造的产品、项目的时间表、成本估算和质量标准。

2. 需求分析。分析项目的需求，包括材料、设备、人力资源等，以确保项目可以按计划进行。

3. 项目计划。制订详细的项目计划，包括任务分配、时间表、资源分配和风险管理计划。项目计划通常使用项目管理工具和方法来制订，如甘特图或网络图。

4. 预算编制。确定项目的预算，包括材料成本、人力成本、设备租赁费用等。预算编制需要与项目计划相协调，以确保项目不会超出预算。

5. 团队组建。招聘和组建项目团队，确保团队成员具备所需的技能和经验，能够有效地执行项目任务。

6. 风险评估。识别潜在的项目风险，并制订风险管理计划，以减轻风险对项目的影响。

7. 启动项目。一旦项目规划完善，项目经理可以启动项目，开始执行计划的任务。

（二）项目执行与监控阶段

一旦项目启动，就进入了项目的执行和监控阶段，这是项目管理中的实际操作阶段。

1. 任务执行。项目团队执行项目计划中的各项任务，包括材料采购、制造工艺操作、质量控制、时间表管理等。

2. 进度监控。定期监测项目的进度，确保任务按计划执行。如果发现延误或问题，及时采取纠正措施。

3. 成本控制。跟踪项目的成本，确保不超出预算。处理成本超支问题，确保资金的合理利用。

4. 质量管理。实施质量控制和质量保证措施，确保制造工艺符合规格和质量标准。

5. 沟通与协调。保持团队之间的有效沟通，解决问题，协调各个部门的工作。

6. 风险管理。不断评估项目风险，采取措施减轻潜在风险的影响，确保项目顺利进行。

7. 变更管理。如果需要对项目计划或范围进行变更，确保变更经过审批并妥善管理。

8. 总结与反馈。定期总结项目进展，收集反馈意见，以不断改进项目管理和工艺流程。

机械制造工艺项目管理流程涵盖了规划与启动阶段以及执行与监控阶段。通过严格的项目管理，可以确保项目按照预期的目标、质量、时间和成本要求完成。这有助于提高制造工艺的效率和可靠性，实现项目的成功交付。

三、制造过程优化

制造过程的优化是关键，旨在提高效率和质量。分析当前流程，识别瓶颈和问题。然后，采用数据分析和模拟工具，找到改进机会。通过优化工序顺序、提高设备利用率和减少资源浪费，可以实现效率提升。同时，引入先进技术和自动化设备，降低人为错误和提高一致性。质量控制也是关键，实施严格的检验和测试，确保产品符合标准。持续监督和改进制造过程，以适应市场需求和技术变化，确保长期竞争力。制造过程的优化是持续的迭代过程，旨在实现最佳效果。

机械制造工艺中的制造过程优化是提高生产效率、降低成本、提高产品质量和实现可持续发展的关键步骤。

（一）生产效率的提高

1. 自动化和数字化。引入自动化设备和数字化技术，如数控机床、机器人、物联网等，可以大大提高生产效率。自动化可以减少人力成本、降低生产过程中的错误率，并实现24/7 的持续生产。数字化技术可以实时监控和优化生产过程，迅速响应市场需求的变化。

2. 制造工艺改进。通过改进生产工艺，如优化工艺参数、降低制造过程中的浪费和提高能源利用效率，可以有效地提高生产效率。采用现代工程方法，如精益生产和六西格玛，可以帮助企业识别并消除不必要的环节和步骤。

（二）质量和可持续性的提升

1. 质量控制和质量保证。制造过程优化需要强调质量控制和质量保证。通过实施严格的质量管理体系，如 ISO 9001，可以确保产品符合规格，并减少产品缺陷和退货率。质量控制还可以提高客户满意度，并建立企业的声誉。

2. 可持续制造。制造过程优化应考虑可持续性因素，包括资源利用效率、废物减少和环境保护。采用绿色制造方法，如回收再利用材料、降低能源消耗和采用环保制造工艺，可以减少对环境的不利影响，并满足社会对可持续性的需求。

制造过程的优化对于机械制造工艺至关重要。这一过程可以显著提高生产效率，降低生产成本，提高产品质量，实现可持续发展，同时增强企业在激烈市场竞争中的竞争力。制造过程的优化不是一次性的任务，而是一个持续进行的循环。它包括监测生产活动，收集数据，分析数据以识别潜在问题和改进机会。然后，根据这些分析结果，采取措施来改进工艺、提高设备效率、减少资源浪费，并确保产品符合质量标准。随着市场需求和技术进步的不断变化，制造过程的优化需要不断适应，以确保企业能够保持竞争力并持续取得成功。

第二节　工艺装备的性能要求

一、工业生产设备的性能要求

工业生产设备的性能要求关系着制造业的效率和质量。精度是关键，它直接影响着产品尺寸和质量的一致性。生产能力至关重要，能够满足市场需求，提高生产效率。速度也是重要因素，影响生产周期和交付时间。设备的稳定性和可靠性是确保连续生产的关键，减少生产中断的风险。适应性和灵活性使设备能够适应不同的产品和生产任务，以适应市场变化。同时，安全性是不可妥协的，确保工作人员和环境的安全。节能和环保性能也是现代工业设备的重要性能要求，有助于减少能源消耗和环境影响，符合可持续发展的要求。这些性能要求共同影响着工业生产设备的质量、效率和可持续性，对企业的竞争力和长期成功至关重要。工业生产设备的性能要求对于制造业的高效运作和产品质量至关重要。

（一）生产能力和效率

1. 生产能力。工业生产设备的首要性能要求之一是具备足够的生产能力，以满足市场需求。这包括生产速度、产量、工作时间等方面的要求。生产设备必须能够按照计划生产足够数量的产品，以满足客户的需求。

2. 生产效率。高效率是工业生产设备的另一个关键性能要求。设备需要以最低的能源消耗和最少的资源浪费来完成任务。提高生产效率可以降低生产成本，提高生产过程的可持续性，并提高企业的竞争力。

3. 可靠性和可用性。工业设备必须具备高度的可靠性，能够在长时间内稳定运行而不出现故障。设备的可用性也至关重要，即设备应随时可用，减少生产停机时间。这通常需要定期维护和故障预测。

（二）精度和质量控制

1. 精度和准确性。一些工业生产设备需要高度的精度，以确保产品的尺寸、形状和质量符合规格。这对于制造精密零件、电子元件、医疗设备等领域至关重要。设备必须能够准确控制加工、装配和检验过程。

2. 质量控制。工业生产设备还必须具备良好的质量控制能力，以便在生产过程中及时检测和纠正任何质量问题。质量控制包括检测、测试、测量和数据分析等方面的功能，以确保生产的产品符合质量标准和客户要求。

总的来说，工业生产设备的性能要求包括生产能力、效率、可靠性、精度和质量控制等多个方面。这些性能要求直接影响着制造业的竞争力、产品质量和客户满意度，因此制造企业需要仔细选择和维护适合其生产需求的设备，以确保生产的顺利进行。

二、制造工艺设备的性能要求

制造工艺设备的性能要求至关重要。设备必须具备高精度和稳定性，以确保产品符合规定标准。高生产效率和速度对于满足市场需求至关重要。设备应具备灵活性，以适应不同产品和生产需求。可靠性是关键，以避免停工和维修成本。能源效率是另一个重要方面，以降低运营成本和环境影响。安全性是不可妥协的，以确保员工和设备的安全。这些性能要求共同确保了工艺设备在现代制造中发挥关键作用。

（一）基本性能要求

制造工艺设备的性能要求在现代工业生产中至关重要。精度是关键，它决定了制造过程中的尺寸和形状的准确性。高精度的设备可以确保产品符合设计规格，减少废品率，提高产品质量。速度和生产能力也是重要的性能指标。快速的设备可以提高生产率，减少制造周期，满足市场需求。适当的生产能力可以确保足够的产量，以满足客户需求。设备的稳定性和可靠性是制造工艺的关键。稳定性意味着设备在长时间运行中能够保持一致的性能。可靠性意味着设备在运行过程中不容易出现故障，减少生产中断的风险。

另一个重要的性能要求是灵活性和适应性。设备需要能够适应不同的生产任务和产品类型，以应对市场变化和客户需求的不断变化。灵活的设备可以快速调整生产线，提高生产效率。安全性也是不可忽视的要求。设备必须符合安全标准，以确保工作人员和环境的安全。安全性能包括防止事故和危险品泄漏等方面。节能和环保性能也是现代制造工艺设备的关键要求。高效的设备可以减少能源消耗，降低生产成本。同时，环保性能可以减少废物和污染物的排放，符合可持续发展的要求。制造工艺设备的性能要求包括精度、速度、生产能力、稳定性、可靠性、灵活性、安全性、节能和环保性能等多个方面。这些要求共同影响着制造工艺的效率、质量和可持续性，对于企业的竞争力和长期发展至关重要。

（二）先进性与智能化要求

制造工艺设备的先进性与智能化要求对于现代制造业至关重要。先进性涵盖了多个方面，其中之一是高度自动化。这意味着设备能够自主执行任务，减少了人力需求，并提高了生产效率。先进的工艺设备通常具有更高的精度和速度，能够生产出更高质量的产品。这有助于降低废品率，减少资源浪费，提高企业的竞争力。

智能化要求意味着工艺设备应具备高度的智能和自适应能力。这包括使用传感器和数据收集技术来监测设备的性能和状态。通过实时数据分析，设备可以自动进行优化，以提高生产效率并减少故障风险。智能化还包括与其他设备和系统的互联互通，以实现协同工作和更高的生产协同工作。另一个要求是预测性维护。通过分析设备数据，可以提前识别潜在问题，避免计划外停机时间。这降低了维修成本，提高了设备的可用性。工艺设备的先进性和智能化还涉及数字化制造。这包括数字化建模和仿真，以优化产品设计和制造过程。通过使用虚拟工具，制造商可以在实际生产之前进行测试和优化，降低了产品开发周期和成本。工艺设备的先进性还需要考虑可持续性。现代制造业面临着不断增加的环保法规和社会责任压力。因此，设备应设计为更加节能和环保，以减少资源消耗和排放。随着工业互联网的发展，工艺设备的先进性和智能化要求更加突出。云计算和大数据分析使设备能够实现更高级别的智能化，如预测性分析和远程监控。这有助于制造商更好地管理全球分布的设备，并实现全球供应链的协同工作。工艺设备的先进性和智能化要求是现代制造业成功的关键要素。它们可以提高生产效率，降低成本，提高产品质量，减少环境影响，同时使制造商更具竞争力。因此，投资于先进性和智能化的工艺设备是制造业不可或缺的一部分。

三、实验室和科学研究设备的性能要求

实验室和科学研究设备的性能要求对科学研究至关重要。精度是关键，这确保了实验结果的准确性和可重复性。灵敏度也非常重要，可以检测到微小的变化和信号。分辨率使研究人员能够分辨细微差别，深入研究物质的性质。同时，稳定性和可靠性确保设备能够持续运行，不受干扰。设备的速度和效率有助于提高实验的效率和生产率。适应性使设备能够适应不同类型的实验和研究需求，灵活性非常重要。安全性是不可忽视的因素，要确保研究人员和实验材料的安全。数据记录和分析能力也是关键，有助于研究人员收集和分析数据。这些性能要求确保了实验室和科学研究设备能够有效地支持科学研究，推动科学知识的发展和创新。实验室和科学研究设备的性能要求是科研工作的关键，直接影响着实验结果的准确性和研究工作的效率。

（一）精度和准确性

实验室和科学研究设备必须具备高度的精度和准确性，以确保实验结果的可靠性。

1. 测量精度。仪器的测量精度必须足够高，以满足实验的精确要求。例如，在化学实验中，精确的体积、质量和浓度测量非常重要。

2. 数据记录和分析。实验设备应具备数据记录和分析功能，以便科研人员能够对实验数据进行有效的处理和分析。这包括数据采集、存储、处理和可视化等方面的性能要求。

3. 校准和校验。实验设备需要定期校准和校验，以确保其性能稳定和准确。这可以通过内部校准系统或外部标准参考物质进行实施。

（二）稳定性和可重复性

实验室设备必须具备稳定性和可重复性，以确保实验结果的一致性。

1. 稳定性。仪器必须具备稳定的性能，能够在长时间内保持准确性和精度，而不受温度、湿度和其他环境因素的影响。

2. 可重复性。实验结果应具有良好的可重复性，即在相同条件下，不同实验的结果应该是相似的。这是科研工作的基础，有助于验证和复制研究结果。

（三）安全性和操作便捷性

实验室和科学研究设备的性能要求还包括安全性和操作便捷性，以确保研究人员的安全和提高工作效率。

1. 安全性。仪器必须符合相关安全标准，具备安全保护功能，如紧急停机、气体检测、防爆设备等，以保护研究人员的生命和健康。

2. 操作便捷性。实验设备的操作应该简单易懂，不需要过多的培训，以减少操作错误。同时，设备的维护和清洁也应该方便。

实验室和科学研究设备的性能要求至关重要，因为它们直接影响着科研工作的质量和效率。选用适合研究需求的仪器以及保持其良好状态非常重要。性能要求的满足有助于确保实验结果的可靠性，进而促进科学研究的进展。首要性能要求之一是精度。高精度的设备可以确保实验数据的准确性和可重复性，为研究提供坚实的基础。仪器的灵敏度也非常重要，它能够探测到微小的信号或变化，有助于深入了解物质的性质。稳定性和可靠性也是关键要求。设备需要能够在长时间运行中保持一致的性能，同时要尽量减少故障和维修需求，以确保科研工作的连续性和高效性。实验室设备的速度和效率同样重要，它们可以加快实验进程，提高数据采集和处理的速度。这对于及时的研究结果分析和决策制定至关重要。

同时，适应性和灵活性也需要考虑。仪器应该能够适应不同类型的实验和研究需求，以满足不断变化的科研目标和问题。数据记录和分析能力也是重要的性能要求。设备需要能够有效地记录和分析实验数据，以便科研人员深入研究和解释结果。实验室和科学研究设备的性能要求对于科研工作的质量和效率至关重要。仪器的精度、灵敏度、稳定性、可靠性、速度、效率、适应性和数据处理能力等方面的性能要求的满足，有助于确保科研工作的成功和推进科学知识的发展。

第三节　工艺装备的可靠性与维护性

工艺装备的可靠性和维护性在工业生产中至关重要。可靠性指的是装备在工作期间能够保持稳定和高效的性能，而维护性则指的是维修和保养设备的容易程度。这两个方面的性能要求对于确保连续生产和降低生产成本至关重要。可靠性对于生产工艺至关重要。生产线上的装备如果频繁出现故障或需要长时间地停机维修，会导致生产中断和生产效率的下降，严重影响企业的盈利能力。因此，工艺装备必须具备高度可靠性，能够在长时间内稳定运行，降低故障率。

为了实现高可靠性，装备设计和制造必须考虑各种因素。选用高质量的材料和零部件，以确保装备的耐用性。设计阶段要充分考虑装备的结构和运行原理，确保能够抵抗外部环境和工作条件的影响。装备的操作和维护人员需要接受专业培训，以确保正确地使用和保养，进一步提高可靠性。维护性是另一个重要的方面，它直接关系着装备的长期性能和寿命。维护性良好的装备可以更容易进行定期维护和修理，延长装备的使用寿命。维护性的设计包括易于维修的结构、易更换的零部件和充分的维护文档。定期维护和保养也是维护性的一部分。工艺装备需要按照制造商的建议进行定期检查和维护，以确保其性能保持在最佳状态。维护包括清洁、润滑、零部件更换和校准等工作，这些工作有助于预防故障和延长装备的寿命。工艺装备的可靠性和维护性对于工业生产至关重要。高可靠性可以确保连续生产和高效率，维护性良好可以延长装备的寿命和降低维修成本。因此，在装备的设计、制造和维护过程中，必须充分考虑这两个方面的性能要求，以确保工业生产的顺利进行和长期可持续发展。

一、可靠性与故障预防

工艺装备的可靠性对于工业生产至关重要。为确保可靠性，预防故障是关键措施。这包括定期维护、检查和保养，以及使用高质量材料和零部件。故障预防还包括培训操作和维护人员，以正确操作和照顾设备。另外，实施监测和诊断系统，可以及早发现潜在问题。故障预防不仅延长装备寿命，还减少了生产中断，提高了生产效率，降低了维修成本，确保了工业生产的可持续性。

（一）工艺装备的可靠性

工艺装备的可靠性在工业生产中占据着至关重要的地位，它对于生产效率、产品质量、成本控制和生产计划的实施都有着深远的影响。可靠性指的是设备在规定条件下连续正常工作的能力，而不发生故障或意外停机的情况。为了深入探讨工艺装备的可靠性，可靠性取决于装备的设计和制造质量。在设备设计阶段，应考虑材料的选择、结构的合理性以及操作要求，以确保设备能够承受各种工作条件下的应力和压力。高质量的材料和零部件，精确的制造工艺以及符合工业标准和规范的设计都是提高可靠性的关键因素。定期维护和保养对于保持装备的可靠性至关重要。维护工作包括设备的清洁、润滑、紧固件检查、校准和零部件更换。通过按照制造商的建议和维护计划进行定期维护，可以及早发现潜在问题，防止设备故障，延长设备寿命，降低维修成本。

另一个重要的方面是操作和维护人员的培训。操作员应熟悉设备的正常操作程序，并了解可能的异常情况和应对措施。维护人员需要接受专业培训，以正确执行维护工作。培训有助于减少由于人为错误引起的设备故障，提高可靠性。设备的环境条件也会影响可靠性。适应环境的设计和维护是关键。例如，在高温、低温、潮湿或腐蚀性环境中工作的设备需要相应的防护措施，以防止损坏和降低可靠性。监测和诊断系统可以提高可靠性。通过实时监测设备的性能和健康状态，可以及时发现潜在问题，并采取预防性维护措施，避免故障和停机。备件和零部件的可用性也是可靠性的一个关键因素。及时供应备件和零部件，以及建立合理的备件库存，有助于快速修复设备，减少停机时间。

工艺装备的可靠性是工业生产不可或缺的一部分。它涵盖了设备的设计、制造、维护、操作、环境和备件供应等多个方面。通过综合考虑这些因素，并采取适当的措施，可以提高工艺装备的可靠性，确保生产的顺利进行，提高企业的竞争力，降低成本，提高产品质量，实现可持续发展。

（二）故障预防

工艺装备的故障预防是制造业中不可或缺的重要环节。它涉及一系列策略和实践，旨在降低设备故障的风险，确保生产持续稳定进行，提高生产效率，降低维修成本，延长设备寿命，以及最终保障产品质量。预防性维护是故障预防的核心。这种方法包括定期地检查、保养和更换设备部件，以确保设备处于最佳工作状态。预防性维护计划应根据设备制造商的建议和操作经验建立，以及根据设备使用情况进行调整。这有助于减少突发故障的可能性，降低停机时间，提高生产可靠性。条件监测是故障预防的关键组成部分。通过使用各种传感器和监测设备，可以实时监测设备的性能和状态。这包括监测温度、振动、压力、润滑油质量等参数。一旦检测到异常，就可以采取措施进行维修或更换受影响的部件，防止设备进一步损坏。条件监测还可以帮助确定设备的健康状况，预测未来可能的故障，以便采取预防性维护措施。设备操作员的培训和技能也是故障预防的关键。操作员应该了解设备的正常操作，以及如何识别潜在问题。培训还应包括正确的设备维护程序，以防止误操作或不当操作导致设备故障。

维持适当的工作环境条件对于设备的正常运行至关重要。这包括控制温度、湿度和清洁度，以及提供适当的通风和润滑。这些因素可以降低设备的磨损和腐蚀，延长设备寿命。材料管理也是故障预防的一部分。使用适当的材料和零部件是确保设备可靠性的关键。低质量或劣质的零部件可能导致故障和停机时间增加，因此供应链管理和零部件选择至关重要。数据分析和故障统计是故障预防的重要工具。通过收集和分析设备性能数据，可以发现潜在问题的迹象，预测设备可能出现的故障模式。这使制造商可以采取针对性的预防措施，降低故障风险。故障预防是确保工艺装备持续高效运行的关键要素。通过预防性维护、条件监测、员工培训、环境管理、材料管理和数据分析等多种手段，制造业可以降低设备故障的风险，提高生产效率，降低维修成本，延长设备寿命，确保产品质量。这对于提高企业竞争力和可持续发展至关重要。

二、维护性与保养计划

工艺装备的维护性至关重要，可通过定期维护和保养计划来实现。这包括清洁、润滑、零部件更换和校准等工作，以确保设备处于最佳状态。维护计划应根据制造商的建议和操作经验制订，确保工作人员能够按时执行维护任务。维护计划还需要记录维护历史和设备性能数据，以便及时发现潜在问题并采取措施解决。通过坚持维护计划，可以延长装备的寿命，减少故障率，提高工业生产的可靠性和效率。维护性与保养计划是确保设备、机器和系统持续高效运行的关键因素。

（一）维护性设计

1. 设计考虑因素。在设计设备、机器或系统时，需要考虑维护性，包括易于维修的构造、部件的可更换性和维护点的可访问性等。

2. 预防性维护。预防性维护是计划性的维护活动，旨在防止设备故障和降低损耗。维护性设计应包括易于执行的预防性维护任务，如润滑、清洁、部件更换等。

3. 故障排除性设计。维护性设计还应考虑设备的故障排除性，使操作人员或维修人员能够迅速诊断问题，确定故障原因并采取必要的措施。

（二）保养计划与周期性维护

1. 保养计划制订。建立保养计划，明确维护任务、频率和责任人员。保养计划应根据设备的类型、使用情况和制造商建议的维护周期来制订。

2. 预防性维护。预防性维护任务应包括定期检查、清洁、润滑、校准、部件更换等。这些任务的频率取决于设备的使用情况和要求。

3. 紧急维护。除了计划性维护，还需要准备紧急维护计划，以应对突发故障和问题。紧急维护需要迅速响应，以减少生产中断时间。

4. 数据记录与分析。建立维护记录和数据分析体系，以追踪设备的维护历史、故障信息和维护成本，以便及时调整维护计划和预防未来故障。

维护性设计和保养计划是确保设备、机器和系统持续高效运行的关键要素。合理的维护性设计可以减少维修时间和成本，而有效的保养计划可以提高设备的可靠性和寿命，从而有助于降低生产成本和提高生产效率。

三、培训和文档化

工艺装备的培训和文档化是确保设备顺利运行的重要环节。培训使操作员和维护人员熟悉设备操作和维护程序，降低了操作错误和设备损坏的风险。文档化包括制定操作手册、维护指南和安全规程，为工作提供清晰指导。这不仅有助于员工培训，还确保了一致性和标准化操作。文档化还记录了设备的历史数据，有助于故障诊断和预防性维护。培训和文档化是提高工艺装备可靠性和维护性的关键步骤。

工艺装备的培训和文档化对于确保操作人员能够安全、高效地使用设备以及维护设备的正常运行至关重要。

（一）培训

1. 操作人员培训。在引入新的工艺装备或设备时，对操作人员进行全面的培训是必不可少的。培训应涵盖设备的基本操作、安全规程、应急措施以及可能的故障排除方法。操作人员应了解设备的每个部件、控制面板和功能按钮的作用，以确保他们能够正确操作设备。

2. 维护人员培训。除了操作人员培训外，还需要培训专门的维护人员，他们负责设备的定期维护和故障排除。维护人员培训应涵盖设备的机械和电气部分，以及设备的保养计划和维修流程。

3. 安全培训。操作人员和维护人员都需要接受安全培训，了解设备操作中的潜在风险和危险情况。这包括使用个人防护装备、正确操作设备以及应对紧急情况的培训。

4. 持续培训。随着技术的不断发展和设备的升级，培训应该是一个持续的过程。操作人员和维护人员需要定期接受更新的培训，以保持他们的知识和技能与最新的设备要求相符。

（二）文档化

1. 操作手册。制定详细的操作手册是文档化过程的重要组成部分。操作手册应包括设备的规格、操作步骤、安全要求、故障排除指南以及紧急情况的处理程序。这些手册应该易于理解，并提供清晰的图示和示例。

2. 维护手册。维护手册包括设备的维护计划、保养步骤、零部件清单、更换周期等信息。维护手册帮助维护人员进行预防性维护，延长设备的寿命并减少停机时间。

3. 安全文件。文档化应包括所有与设备安全相关的信息，包括安全标志、危险分析报告、应急救援计划以及操作人员和维护人员的安全培训记录。

4. 设备日志。设备操作和维护的日志记录是重要的文档化方式。这些记录可以用于跟踪设备的性能、检测问题并提供历史数据供分析和改进使用。

5. 更新管理。确保文档是最新的，及时更新所有操作手册、维护手册和安全文件，以反映设备的最新状态和要求。

工艺装备的培训和文档化是保障设备正常运行和操作人员安全的重要手段。它们不仅提供了必要的知识和信息，还有助于减少事故风险、提高设备的可靠性和可维护性。因此，制造企业应该高度重视培训和文档化工作。

第四节　工艺装备的可持续性与环保考虑

工艺装备的可持续性和环保考虑在现代工业生产中占据着重要地位，它们对于保护环境、遵守法规、降低成本和提高企业声誉都有着重大影响。工艺装备的可持续性包括能源效率和资源利用效率。高效的设备设计和操作可以降低能源消耗，减少碳排放，有助于企业遵守环保法规，降低能源成本，提高竞争力。资源利用效率涉及原材料和水资源的节约，通过循环利用和废物减少的方法，可以减少资源浪费，降低生产成本。环保考虑需要包括废物管理和排放控制。装备设计应考虑废物减少和废物处理设施的配置，以最小化废物排放和对环境的不良影响。应遵守环境法规和标准，确保排放在允许范围内，避免对空气、水和土壤造成污染。

选择环保友好的材料和生产工艺有助于降低有害物质的使用和排放。可以采用可再生能源，如太阳能和风能，以减少对非可再生能源的依赖，降低碳足迹。可持续性还涉及社会责任。企业应关心员工的健康和安全，确保他们在工作中不受有害物质的威胁，并提供培训和意识教育。企业还应支持社区和采取措施回馈社会，建立可持续发展的声誉。监测和报告是可持续性和环保考虑的一部分。企业应建立监测系统，跟踪能源消耗、排放和废物管理等数据，及时发现问题并采取改进措施。同时，公开透明地报告环境性能，展示企业的环保承诺。工艺装备的可持续性与环保考虑涵盖了多个方面，包括能源效率、资源利用效率、废物管理、排放控制、环保材料和工艺、社会责任、监测和报告。通过综合考虑这些因素，并采取措施，企业可以实现可持续发展，保护环境，提高竞争力，满足法规要求，为未来的生产和发展作出贡献。

一、能源效率与碳足迹减少

能源效率和碳足迹减少是现代工业生产中的重要目标。通过优化工艺装备和生产流程，提高能源效率，减少能源浪费。同时，采用清洁能源和可再生能源，降低碳排放，有助于保护环境，降低碳足迹。这些举措不仅减少了能源成本，还有助于企业遵守环保法规，提高竞争力，为可持续发展作出贡献。

（一）能源效率

工艺装备的可持续性与环保考虑中，能源效率是一个至关重要的方面。能源效率指的是在生产过程中有效地利用能源资源，以最小化浪费并减少对环境的不良影响。在现代工业中，提高能源效率对于降低能源成本、减少碳排放、保护环境和增强企业竞争力都具有重要意义。此外，改善工艺装备的能源效率可以显著降低生产成本。工业生产中能源消耗通常占据了相当大的比例，因此提高能源效率可以有效降低能源支出。这包括改进设备设计，减少能源浪费，使用高效节能技术，以及优化生产流程以减少能源消耗。通过这些措施，企业可以实现成本的降低，提高盈利能力。提高能源效率有助于减少碳足迹。能源的使用通常伴随着温室气体的排放，而温室气体是导致气候变化的主要因素之一。通过降低能源消耗，企业可以减少二氧化碳等温室气体的排放，对气候保护作出贡献。这不仅符合社会责任，还可以改善企业的形象和声誉。能源效率改善有助于遵守环保法规。许多国家和地区制定了严格的环保法规，要求企业限制能源消耗和减少排放。通过提高能源效率，企业可以更容易地满足这些法规要求，避免罚款和法律诉讼，确保合规运营。工艺装备的能源效率还与资源利用效率密切相关。在生产过程中，能源和原材料常常相互关联，提高能源效率通常也伴随着资源的更加有效利用。这有助于减少资源浪费，延长资源的可持续利用。为了提高能源效率，企业可以采取多种措施，包括但不限于：

1. 设备优化。改进设备设计，减少能源浪费，提高工艺效率。

2. 技术更新。采用高效能源技术和装置，如高效照明系统、节能电机和热能回收装置。

3. 过程优化。通过流程重组和优化，减少能源消耗，提高生产效率。

4. 培训和意识提升。培训操作人员和维护人员，提高他们的能源意识，确保设备正确操作和维护。

5. 监测和控制系统。建立实时监测和控制系统，跟踪能源消耗，及时发现和解决能源浪费问题。

工艺装备的可持续性和环保考虑中，能源效率是一个至关重要的要素。通过提高能源效率，企业可以降低成本，减少碳排放，遵守环保法规，改善形象，实现可持续发展，为环保事业和经济发展做出积极贡献。因此，企业应该将提高能源效率视为一项战略性举措，积极采取措施改进工艺装备，实现可持续生产。

（二）碳足迹减少

工艺装备的可持续性与环保考虑中的碳足迹减少是现代制造业的紧迫任务。制造业对碳排放的贡献占据了全球温室气体排放的重要部分，因此必须采取行动来减少其环境影响。设备的设计和制造阶段是考虑碳足迹的关键时刻。在这个阶段，应该优先选择低碳材料和生产方法，以降低设备制造过程中的碳排放。同时，应考虑设备的能源效率，以减少其在运营阶段的碳排放。高效的设备需要较少的能源来完成工作，这降低了能源消耗和碳排放。工艺装备的运营和维护阶段也需要注重碳足迹。定期维护和保养可以确保设备的高效运行，降低碳排放。设备的能源来源也应考虑。使用可再生能源如太阳能或风能来供应电力可以显著减少碳排放。同时，考虑设备的能源效率改进，如热回收系统，可以最大限度地减少能源浪费和碳排放。此外，设备的生命周期评估是减少碳足迹的关键工具。这涉及跟踪设备从制造到报废的整个生命周期中的碳排放。通过综合考虑各个阶段的碳排放，可以识别出影响最大的环节，从而采取措施降低碳足迹。这也有助于制造商更好地了解碳足迹的来源，制定更有效的碳减排策略。碳排放的监测和报告是可持续性和环保考虑的一部分。制造业应该积极参与碳排放数据的收集和报告，以便评估其影响并采取措施减少碳足迹。透明的报告也有助于企业向消费者和利益相关者传达其环保努力，增强企业的可持续声誉。制造业还可以考虑采用循环经济的原则。这包括设备的再制造、重复使用和回收，以延长设备寿命并减少资源浪费。通过将设备重新投入生产流程，减少了新设备制造所需的碳排放，有助于降低碳足迹。工艺装备的可持续性和碳足迹减少是现代制造业的迫切任务。通过在设备设计、制造、运营和维护阶段采取措施，监测和报告碳排放，以及采用循环经济原则，制造业可以减少其环境影响，为可持续发展作出贡献。这不仅有助于降低碳足迹，还为企业带来了经济效益和可持续性竞争优势。

二、材料选择与循环经济

材料选择在循环经济中发挥着关键作用。循环经济的核心理念是减少资源浪费和环境影响，将废弃物转化为资源。在这一背景下，材料选择变得至关重要。应选择可持续的、可回收的材料，以减少资源耗竭。材料应具有良好的循环性能，可多次回收和重复利用，降低废弃物排放。考虑材料的生命周期成本，包括采矿、制造、运输和处理等环节，有助于选择更经济和环保的材料。总之，材料选择在循环经济中是关键决策，可以最大限度地减少资源浪费，促进可持续发展。材料选择与循环经济之间存在密切关系，材料选择对于实现循环经济的目标至关重要。

（一）材料选择的影响

1. 可再生材料与循环利用。在实现循环经济的过程中，选择可再生材料具有重要意义。这些材料可以通过可持续的方式生产，减少对有限资源的依赖。例如，使用木材和竹子等可再生资源可以减少对木材的过度采伐，促进森林的再生。

2. 材料的耐用性与可维修性。选择具有较长使用寿命和易于维修的材料有助于减少废弃物的产生。耐用的材料可以降低产品的损坏和报废率，同时也减少了资源的浪费。

3. 材料的可回收性。在材料选择中考虑材料的可回收性是实现循环经济的关键因素。选择易于回收和再加工的材料可以降低废弃物的排放，并促进回收和再利用的循环流程。例如，选择可回收的金属合金可以减少金属废料的处理和处置问题。

（二）循环经济对材料选择的影响

1. 材料流的优化。循环经济倡导最大限度地减少材料浪费和资源损耗。因此，循环经济的原则可以影响材料选择，鼓励使用易于回收、可再生和耐用的材料，以最大限度地减少资源的消耗。

2. 产品设计和制造。实现循环经济要求产品设计和制造过程考虑到产品的整个生命周期。这包括选择可拆卸和可回收的组件，使用少量材料，降低能源消耗等。材料选择在产品设计和制造中起着关键作用，决定了产品的可持续性和环境影响。

3. 环境法规和标准。循环经济的发展也促使政府和国际组织发布更严格的环境法规和标准，对材料选择提出了更高要求。这些法规通常鼓励或要求企业优先选择可持续材料，并考虑产品的环境影响。

材料选择与循环经济密切相关，相互影响。材料选择可以影响循环经济的实施和成功，同时循环经济的原则也在一定程度上指导和影响着材料选择。在推动循环经济转型的过程中，材料选择是一个重要的策略，可以减少资源浪费、降低环境影响并促进可持续发展。

三、废物管理与环境合规

废物管理和环境合规是现代工业中不可或缺的关键因素。合理的废物管理涉及废物的分类、储存、运输和处理。通过妥善管理废物，可以减少环境污染，避免对土壤、水源和大气的不良影响，确保企业在环保法规方面合规。遵守环保法规对于企业至关重要。这包括排放控制、废物管理和环境影响评估等方面的法规遵守。违反法规可能导致罚款、法律诉讼、声誉损害和生产中断，对企业的经济和声誉造成严重损害。企业需要建立健全的废物管理体系，确保废物的合规处理和处置，同时积极采用环保措施，降低废物产生率。这不仅有助于环境保护，还有助于降低生产成本，提高企业竞争力，为可持续发展创造更好的前景。废物管理与环境合规是保护环境和可持续发展的重要方面。

（一）废物管理

1. 定义废物管理。废物管理是指收集、处理、处置、回收和监管废物的过程。废物可以包括固体废物、液体废物和危险废物，这些废物可能对环境和人类健康造成威胁。

2. 废物管理的重要性。有效的废物管理对于减少环境污染、资源保护、生态平衡和公共健康至关重要。不合理的废物处理可能导致土壤、水体和空气的污染，危害生态系统，甚至引发健康问题。

3. 废物管理方法。将可回收物质分离出来，减少对自然资源的开采。安全和环保的废物填埋和焚烧设施可以减少固体废物对环境的影响。危险废物需要特殊的处理方式，以确保安全处理和处置。政府制定环保法规，监管废物管理活动，以确保合规性和安全性。

（二）环境合规

1. 定义环境合规。环境合规是指个人、企业或政府机构遵守相关环境法规和标准，以减少对环境的不利影响，并确保环境保护的责任和义务。

2. 环境合规的重要性。环境合规有助于保护生态系统、减少环境污染、维护生态平衡，同时也有助于防止法律诉讼和罚款。合规性有助于建立良好的企业声誉，并提高投资者和消费者的信任。

3. 实现环境合规。了解和遵守适用的环境法规和标准，包括废物管理法规、空气和水质标准等。定期监测环境影响，按规定报告环境数据和排放情况。建立和实施环境管理体系，确保环保政策、程序和实践的合规性。培训员工和管理层，提高环境合规的意识和能力。

（三）可持续发展

1. 可持续发展的概念。废物管理和环境合规是可持续发展的一部分。可持续发展是指满足当前需求，同时不损害未来世代满足其需求的能力。它强调经济、社会和环境的平衡。

2. 废物减量和资源回收。可持续发展的理念鼓励减少废物生成、最大限度地回收和再利用资源，以降低资源消耗和环境影响。

3. 绿色技术和创新。可持续发展推动绿色技术和创新的发展，以减少环境污染、提高资源利用效率，实现经济增长和环境保护的协同发展。

废物管理和环境合规是实现可持续发展的关键要素。它们有助于减少环境污染、资源浪费和生态破坏，为未来世代留下更清洁和可持续的环境。同时，合规性也有助于企业提高竞争力，降低法律风险，提高社会责任感。

第三章　材料加工工艺装备设计

第一节　机械加工装备设计

机械加工装备的设计是一个高度复杂和精密的过程，它需要综合考虑多个因素以确保设备的性能、效率和可靠性。设计师需要考虑加工装备的用途和工作要求。这包括加工材料的种类、尺寸和形状，加工工艺的要求，以及产量和精度等因素。了解这些需求是设计的基础。机械结构的设计是至关重要的。这包括机床、刀具、夹具、传动装置和控制系统等组成部分。机床的选择和设计应考虑工件的尺寸和重量，以及所需的加工精度。刀具的选择和配置应匹配加工材料和工艺。夹具的设计应确保工件的稳定性和安全性。传动装置和控制系统的选择应满足加工要求，并提供高度精密的控制。安全性是设计的重要方面。机械加工过程涉及高速旋转部件和尖锐的刀具，因此必须确保操作人员的安全。安全设备和防护措施，如安全门、急停按钮和紧急切断系统，应集成到设计中，以防止事故和伤害。维护性和可靠性是设计的关键要素。机械加工装备通常需要长时间运行，因此设计应考虑设备的耐用性和易维护性。易更换的零部件和访问设备内部的便捷性都应纳入设计考虑。机械装备的维护计划和定期检查也需要考虑在内，以确保设备的稳定运行。环保和能源效率也应成为设计的一部分。现代社会对环境友好和节能的要求越来越高，机械加工装备设计应考虑减少能源消耗和废物排放。采用高效节能的驱动系统、回收废热和减少润滑剂使用等措施可以提高设备的环保性能。机械加工装备的设计是一个复杂而多方面的过程，需要综合考虑用途、机械结构、安全性、维护性、环保和能源效率等因素。只有在这些方面都得到充分考虑和满足的情况下，机械加工装备才能够满足工业加工的需求，提高生产效率，保障安全，降低成本，为工业生产作出贡献。

一、设备性能和功能设计

设备性能和功能的设计是工程领域中至关重要的任务之一。性能设计要求设备能够在规定的条件下以高效、可靠的方式完成工作。这涵盖了设备的工作速度、精度、承载能力和生产能力等方面。功能设计则关注设备的多样化应用和工作模式。设备功能应能够适应不同的工艺要求，具有灵活性和可调性，以满足不断变化的生产需求。功能设计还包括设备的自动化程度和控制系统的性能。自动化有助于提高生产效率，降低人工成本，减少误操作。控制系统的性能直接影响着设备的稳定性和精度。性能和功能的设计需要深入了解工艺要求和操作流程，同时充分考虑材料、结构和控制技术。只有在性能和功能上取得平衡，设备才能够达到最佳工作状态，提高生产效率，降低成本，为企业的竞争力和可持续发展作出贡献。

设备性能和功能设计是制造领域中设备开发和设计的核心方面，直接影响着设备的工作效率、生产能力和适应性。

（一）设备性能设计

1. 性能定义。设备性能设计是指确保设备在规定的操作条件下能够达到所需功能和性能指标的过程。性能指标可以包括工作速度、精度、负载能力、可持续运行时间等。

2. 工作速度。设备的工作速度是指它完成一定任务的速度，通常以单位时间内处理的工件数量或工作速率来衡量。高工作速度可以提高生产效率，缩短生产周期。

3. 精度和质量。精度是设备加工或执行任务时的准确性，通常以公差或偏差来表示。设备必须具备足够的精度，以满足产品质量要求，特别是在制造高精度零部件的应用中尤为重要。

4. 负载能力。设备的负载能力是指它能够承受的最大力或负载。这在一些应用中非常关键，特别是在重型加工设备和材料处理设备中。

（二）设备功能设计

1. 功能定义。设备功能设计是指确定设备应该具备的各种功能和操作模式。这包括工作台的移动方式、刀具的操作方式、自动化程度以及与其他设备或系统的互联性。

2. 自动化和智能化。现代设备功能设计越来越注重自动化和智能化。自动化功能可以减少人工干预，提高生产效率，减少人为错误。智能化功能包括数据采集、分析和远程监控，以提高设备的可用性和性能。

3. 多功能性。多功能性是指设备具备多种加工或操作功能的能力。多功能设备可以满足不同的生产需求，减少设备数量和占地面积。

4. 用户界面。设备的用户界面设计非常重要，它应该直观易用，操作员可以轻松控制设备，并监视设备的状态。良好的用户界面可以提高操作员的工作效率和减少操作错误。

设备性能和功能设计需要综合考虑用户需求、工艺要求、安全标准和市场竞争等多个因素。精心设计的设备性能和功能可以提高生产效率、降低成本、提高产品质量，并提高企业竞争力。同时，随着技术的不断进步，设备性能和功能设计也需要不断创新和更新，以适应不断变化的市场需求。

二、创新和可持续性设计

创新和可持续性设计是现代工程领域的核心原则。创新意味着不断寻找新的解决方案和方法，以改进产品和工艺。它涵盖了新材料的开发、新技术的应用和新的设计理念。创新不仅可以提高产品性能和质量，还可以降低成本、提高效率和拓展市场。可持续性设计则强调了对环境、社会和经济影响的综合考虑。它要求产品和工艺在其整个生命周期内降低资源消耗、减少废弃物和排放，以及促进社会责任。可持续性设计包括材料选择、生产过程、产品寿命周期管理和循环经济原则的应用。创新和可持续性设计密切相关。创新可以帮助找到更环保、高效的解决方案，从而促进可持续性。例如，新材料的开发可以减少资源使用，新技术的应用可以提高能源效率，新设计理念可以减少废物生成。这种综合的创新方法可以帮助企业提高竞争力，满足不断增长的可持续性要求。

创新和可持续性设计是现代工程和产品开发领域的关键因素，它们可以共同推动技术进步、资源节约和环境保护。

（一）创新设计

1. 创新思维。创新设计强调不断寻找新的、独特的解决方案，以解决问题或提升产品、工艺或服务的性能。这需要工程师和设计师采用创新思维，鼓励他们挑战传统观念，寻求创新的设计和工程解决方案。

2. 用户需求和体验。创新设计通常从用户需求和体验出发，关注用户的实际问题和期望。通过深入了解用户，设计师可以创造出更符合市场需求的产品，并提供更好的用户体验。

3. 多学科合作。创新设计通常涉及多学科的合作，包括工程、设计、材料科学、人机交互等领域。多学科团队的合作可以带来不同视角和创新思维，有助于创造出更具竞争力的产品和解决方案。

（二）可持续性设计

1. 材料选择与资源效率。可持续性设计强调选择可再生材料、回收材料以及资源效率。设计师需要考虑材料的生命周期、采购、制造、使用和处置阶段，以最大限度地减少资源的浪费。

2. 能源效率与碳足迹。可持续性设计也关注能源效率和减少碳足迹。通过优化产品的设计和工艺，减少能源消耗，使用可再生能源以及优化物流和运输，可以降低产品的环境影响。

3. 循环经济与废物减量。可持续性设计鼓励采用循环经济原则，即将产品和材料设计为可重复利用、可再制造和可回收的。这有助于减少废物的产生，降低对自然资源的依赖。

（三）创新和可持续性的融合

1. 持续创新。创新和可持续性设计可以融合在一起，以创建更具竞争力的产品和解决方案。持续创新意味着不仅要考虑产品性能的提升，还要考虑产品的环境和社会影响，以实现可持续的商业成功。

2. 生命周期思考。可持续性设计通常涉及生命周期思考，即考虑产品从设计、制造、使用到处置的整个生命周期。这种方法有助于综合考虑产品的环境和社会影响，从而更好地满足未来的可持续性需求。

3. 市场机会。创新和可持续性设计可以创造新的市场机会。消费者和投资者越来越关注可持续性，对环保产品和服务的需求不断增加。因此，将创新与可持续性相结合可以开拓新的市场，增强企业的竞争力。

创新和可持续性设计是相辅相成的概念，它们可以共同推动工程和产品开发的发展，促进资源的有效利用、环境的保护和社会的可持续发展。在当今竞争激烈的市场中，将创新与可持续性融合在一起，不仅有助于满足市场需求，还有助于实现长期商业成功。

第二节　焊接与切割设备设计

金属成形设备的设计是高度技术性的工程任务。它需要综合考虑材料性质、工艺要求和加工精度，以满足各种金属成形工艺的需要。设计师必须精确计算机床结构、刀具配置和控制系统，以确保设备能够精确而高效地完成成形任务。安全性和可维护性也是设计的重要方面，以确保操作人员安全，设备能够稳定运行并容易维护。金属成形设备的设计不仅涉及机械工程，还需要深入了解金属成形工艺和加工原理，以满足多样化的加工需求。

一、焊接设备设计

焊接设备设计是一项高度复杂的工程任务。焊接设备必须能够高效地将金属部件连接在一起，同时保证焊缝质量和可靠性。为了实现这一目标，设计师需要综合考虑多个因素。焊接设备的设计需要根据不同的焊接工艺和材料特性来选择合适的焊接方法，如电弧焊、气体保护焊、摩擦焊等。每种焊接方法都有其适用的情况和要求，因此需要根据具体应用来确定。焊接设备的结构设计至关重要。它必须具有足够的稳定性和刚度，以确保焊接过程中不会发生振动或变形，从而影响焊缝质量。设备结构还需要考虑工件的夹持和定位，以确保焊缝的位置和角度正确。焊接设备的控制系统是关键部分。它必须能够精确控制焊接电流、电压、焊接速度和气体流量等参数，以确保焊缝的质量和一致性。控制系统还应具备实时监测和反馈功能，以及故障检测和报警系统，以确保焊接过程的稳定性和安全性。

安全性也是焊接设备设计的重要方面。焊接过程中产生高温和火花，因此必须采取措施来保护操作人员免受伤害。这包括防护罩、防护服和排烟系统等安全设施。维护性和可靠性也需要纳入设计考虑。焊接设备通常需要长时间运行，因此需要易于维护和定期保养。设计师应考虑易更换的零部件、清洁和润滑等维护要求，以确保设备的稳定性和寿命。焊接设备的设计是一项综合考虑材料、工艺、结构、控制和安全性等多个因素的复杂任务。只有在这些方面都得到充分考虑和满足的情况下，焊接设备才能够满足不同应用的要求，保证焊接质量和可靠性，提高生产效率，降低成本，为工业生产作出贡献。焊接设备设计是制造领域中非常重要的领域之一，它关乎焊接工艺的高效性、质量和安全性。

（一）设备性能和焊接质量设计

1. 性能定义。焊接设备的性能设计是确保设备能够在规定的条件下实现高质量的焊接接头的过程。性能指标包括焊接速度、焊接质量、焊缝形状、焊透和焊接深度等。

2. 焊接速度。焊接设备的焊接速度直接影响着生产效率。高焊接速度可以提高生产能力，减少生产周期，降低成本。

3. 焊接质量。焊接设备必须具备足够的焊接质量，以确保焊接接头的强度、密封性和耐腐蚀性。焊接质量设计包括选择合适的焊接方法、焊接参数和材料。

4. 焊接过程监测和控制。现代焊接设备通常具备焊接过程监测和控制功能，可以实时监测焊接参数，检测焊接缺陷，并进行反馈控制以保证焊接质量。

（二）安全性和环保性设计

1. 安全性设计。焊接设备的安全性设计是确保操作员和周围环境的安全。这包括安全防护装置、防火措施、紧急停机装置、操作员培训等。

2. 环保性设计。焊接过程中通常会产生烟尘、废气和废渣等污染物，因此焊接设备的环保性设计至关重要。这包括废气处理设备、废渣收集和处理系统、环保材料的选择等。

3. 节能设计。焊接设备的节能设计有助于降低能源消耗，减少运行成本。采用节能设备和技术，如高效率电源、能量回收系统等，可以提高设备的能源效率。

（三）自动化和数字化设计

1. 自动化设计。自动化是现代焊接设备设计的重要趋势之一。自动化包括自动化工件装夹、焊接路径规划、焊接控制和焊接机器人等。自动化可以提高焊接的一致性和生产效率。

2. 数字化设计。数字化技术在焊接设备设计中起着重要作用，包括数控焊接系统、远程监控和诊断、数据分析和智能化决策。数字化设计可以提高设备的可操作性和可维护性。

综上所述，焊接设备设计需要综合考虑性能、质量、安全性、环保性、自动化和数字化等多个方面的因素。精心设计的焊接设备可以提高焊接工艺的效率、质量和可靠性，有助于满足制造业不断增长的需求，同时促进焊接行业的发展和创新。

二、切割设备设计

切割设备的设计是工业制造中的关键环节，其目标是实现高效、精确和可靠的材料切割过程。这需要充分考虑材料类型、厚度和形状，以确保设备可以适应多样性的工件。设计还需关注操作员的安全，采取预防措施来减少潜在的危险因素，如高温、电弧和切割火花。切割设备设计必须注重性能稳定性，以确保切割的准确性和一致性，从而满足产品质量标准。在设计中也需要考虑设备的维护需求，以减少停机时间和维修成本。可持续性也是设计的一个重要方面，考虑如何降低能源消耗、减少废弃物和排放，以满足现代环保标准。综合考虑这些因素，切割设备的设计应该追求高效、安全、精确、稳定和环保的目标，以满足制造业的需求。

（一）切割设备类型和应用

切割设备在工业制造和加工中发挥着重要作用，它们用于将材料切割成所需的形状和尺寸，以满足不同行业的需求。

1. 切割设备类型

（1）激光切割机。激光切割机使用高能激光束进行切割，可以切割各种材料，包括金属、塑料和玻璃。它广泛应用于金属加工、汽车制造和电子制造等领域，以实现高精度和高速度的切割。

（2）等离子切割机。等离子切割机使用等离子弧产生的高温等离子体来切割金属材料。它常用于切割厚金属板，如钢板和铝板，在建筑和船舶制造等行业有广泛应用。

（3）水刀切割机。水刀切割机使用高压水流或混合材料的水流切割材料，适用于切割各种硬度和厚度的材料，包括金属、石材和复合材料。它常用于石材加工、飞机制造和食品加工等领域。

（4）线切割机。线切割机使用细丝电极通过电火花放电切割材料，适用于切割高硬度和导电性材料，如钨钢和钛合金。它常用于模具制造和精密零件加工。

（5）割炬切割机。割炬切割机使用氧气或其他气体作为燃料和氧化剂，通过高温火焰来切割金属材料。它常用于焊接、切割和加工中的金属工件，如管道、钢梁和焊接接头。

2. 切割设备应用

（1）金属加工。切割设备在金属加工中广泛应用，用于制造零部件、结构和构件。例如，激光切割机用于切割钢板和铝板，水刀切割机用于切割不锈钢和铜板。

（2）汽车制造。汽车制造业需要大量的切割设备，用于切割汽车车身、底盘和内饰零部件。激光切割机和等离子切割机在汽车制造中被广泛采用。

（3）石材加工。水刀切割机在石材加工中扮演着重要角色，用于切割大理石、花岗岩和其他天然石材，制作地板、台面和雕塑。

（4）电子制造。电子行业需要高精度的切割设备来制造电路板、芯片和电子元件。激光切割机和线切割机常用于电子制造中的微细加工。

（5）建筑和建筑业。切割设备用于切割建筑材料，如混凝土、钢材和砖块，以满足建筑工程的需求。

（6）制造业。切割设备在各种制造业中都有应用，包括航空航天、船舶制造、家具制造和食品加工等领域。

切割设备的种类和应用多种多样，它们为各行各业提供了高效、精确和可靠的切割解决方案，推动了现代工业的发展和进步。切割设备的不断创新和发展将继续推动制造业向前迈进，满足不断变化的市场需求。

（二）切割设备的特殊要求

切割设备在工业制造中扮演着至关重要的角色，不同的应用领域和材料类型可能带来特殊的要求和挑战。不同的材料类型对切割设备提出了不同的要求。例如，金属、塑料、木材和复合材料等材料具有不同的硬度、导热性和机械性能。因此，切割设备必须能够适应不同材料的切割需求，可能需要不同的刀具、切割速度和切割参数。材料的厚度也是一个重要的特殊要求。切割薄材料和切割厚材料可能需要不同类型的切割设备和切割工艺。薄材料可能需要高速切割，而厚材料可能需要更大功率的设备来完成切割。因此，切割设备的设计和操作必须根据材料厚度进行优化。特殊的几何形状和切割要求也需要考虑。例如，对于复杂形状的工件，可能需要多轴或多维度的切割能力。一些应用可能需要高度精确地切割，而其他应用则可能更注重速度和生产率。因此，切割设备必须根据不同的几何形状和切割要求进行定制。

特殊的环境条件也是切割设备设计中的一个因素。一些切割任务可能在恶劣的环境中进行，如高温、高湿度或腐蚀性气体环境。在这种情况下，设备必须具备耐用性和防腐蚀性能，以确保长期稳定运行。安全性也是特殊要求的一个重要方面。切割设备通常涉及高温、电弧和切割火花等潜在危险因素。因此，设备必须设计为最大限度地减少操作员的风险。这可能包括自动关断功能、安全屏障和个人防护装备。可持续性和环保要求也是切割设备设计中的一个新趋势。现代制造业越来越注重减少资源消耗和环境影响。

因此，切割设备设计应考虑如何降低能源消耗、减少废弃物和排放，以满足可持续发展的要求。切割设备的特殊要求因应用领域、材料类型、厚度、几何形状、环境条件、安全性和可持续性要求而异。设计和操作切割设备时，必须充分考虑这些因素，以确保设备能够满足特殊要求，并在不同的应用场景中发挥最佳性能。这需要切割设备制造商和操作人员具备多领域的专业知识和经验，以满足不断变化的市场需求。

第三节　金属成形设备设计

焊接与切割设备的设计是制造业的核心领域之一，它们在各种工业应用中发挥着关键作用。这些设备的设计需要满足多个关键要求，以确保高效、安全和可持续地操作。焊接与切割设备的设计必须考虑工作环境的安全性。这包括设备操作员的安全，以及设备本身的安全性能。设计需要考虑到高温、电弧和切割火花等潜在的危险因素，并采取措施来减少事故的风险。例如，设备可能需要具备自动关断功能，以避免火花引发火灾。焊接与切割设备的设计必须考虑操作的精确性和稳定性。这些设备通常用于制造过程中的关键步骤，如将金属部件连接起来或切割工件。因此，它们的设计必须能够提供高度精确的焊接和切割，以确保产品质量。设计还应考虑到工件的大小和形状的多样性，以满足不同应用的需求。焊接与切割设备的设计需要考虑生产效率。制造业注重生产速度和效率，因此设备设计必须能够满足高产能要求。这可能涉及自动化和机器人技术的应用，以提高生产效率。同时，设备的维护需求也应降到最低限度，以减少停工时间。可持续性是现代焊接与切割设备设计的重要考虑因素。制造业越来越注重减少环境影响，因此设备设计需要降低能源消耗和废弃物产生。使用高效的加工方法和材料，以及采用清洁能源，有助于降低碳足迹。设备的材料选择和设计也应考虑可回收性和再利用性，以减少资源浪费。与焊接和切割设备相关的数据收集和分析也变得越来越重要。通过监测设备性能和操作数据，制造商可以进行预测性维护，降低设备故障的风险，提高可用性。数据分析还可以帮助优化工艺，提高生产效率。

一、设备类型和用途

设备的种类多种多样，它们在不同领域和应用中扮演着重要角色。这些设备的类型和用途广泛，涵盖了制造、建筑、医疗、科研等多个领域。制造业是设备应用最广泛的领域之一。制造设备包括机械加工设备、焊接设备、切割设备等，用于加工金属、塑料、玻璃等材料，制造汽车、电子产品、机械设备等各种产品。建筑业也依赖于各种设备来完成建筑工程。这些设备包括挖掘机、起重机、混凝土搅拌机等，用于挖掘、运输、混凝土浇筑等施工活动。医疗设备在医疗领域发挥着至关重要的作用。医疗设备包括X射线机、核磁共振仪、手术器械等，用于诊断、治疗和手术。科研领域也需要各种实验室设备和科学研究设备，如显微镜、质谱仪、生化分析仪等，用于进行实验和研究工作。农业设备用于农田耕种、收割、灌溉等农业活动。这些设备包括拖拉机、收割机、喷雾器等。交通运输领域也依赖于各种交通工具和设备，如汽车、火车、飞机、船舶等，用于货物运输和人员移动。设备的类型和用途非常多样化，它们在各个领域和行业中起着关键作用。这些设备的不断发展和创新推动了现代社会的进步和发展，为人类生活和工作提供了便利和支持。

（一）设备类型的多样性

设备类型的多样性是现代社会的一个显著特点，反映了人类对各种任务和需求的多样性回应。这些设备的种类和用途广泛，涵盖了各个领域，推动了各行各业的发展和进步。在制造业中，设备的多样性表现在各种机械加工设备、焊接设备、切割设备上等。这些设备用于加工金属、塑料、玻璃等材料，制造汽车、电子产品、机械设备等各种产品。建筑业也依赖于各种设备，如挖掘机、起重机、混凝土搅拌机等，用于挖掘、运输、混凝土浇筑等施工活动。医疗领域有各种医疗设备，如X射线机、核磁共振仪、手术器械等，用于诊断、治疗和手术。科研领域需要各种实验室设备和科学研究设备，如显微镜、质谱仪、生化分析仪等，用于进行实验和研究工作。农业设备用于农田耕种、收割、灌溉等农业活动，包括拖拉机、收割机、喷雾器等。交通运输领域依赖于各种交通工具和设备，如汽车、火车、飞机、船舶等，用于货物运输和人员移动。设备类型的多样性满足了不同行业和领域的需求，推动了各个领域的发展和创新。这些设备的不断发展和创新将继续推动社会的进步和发展，为人类提供更好的生活和工作条件。

（二）设备用途的广泛性

设备用途的广泛性是现代工业和生活中的关键特征之一。设备的广泛应用涵盖了多个领域，包括制造业、医疗保健、交通、通信、建筑和农业等。在制造业中，设备用于各种生产过程，从原材料加工到组装和包装。这些设备包括机械加工设备、焊接和切割设备、自动化机器人、3D打印机等，它们用于制造各种产品，从汽车到电子设备。在医疗保健领域，设备用途广泛，包括医用影像设备、手术设备、实验室仪器和生产药物的设备。这些设备帮助医生诊断疾病、治疗患者和进行研究，提高了医疗保健的质量和效率。交通领域依赖于各种交通工具和控制系统，如汽车、火车、飞机、交通信号灯和导航系统。这些设备使人们能够安全、高效地移动，并连接不同地区的人们和资源。通信设备，如手机、计算机、卫星和通信基站，已经变得无处不在。它们使人们能够随时随地进行通信、获取信息和进行远程工作，促进了全球互联。建筑业依赖于各种建筑设备，包括起重机、混凝土搅拌机、挖掘机和建筑工具。这些设备用于建造房屋、办公楼、桥梁和道路等基础设施。农业领域也依赖于各种农业设备，如拖拉机、播种机、收割机和灌溉系统。这些设备提高了农业生产的效率，确保了足够的食物供应。设备的广泛应用贯穿了各个领域，推动了现代社会和经济的发展。它们提高了生产效率、提高了生活质量、推动了科学研究和创新，并促进了全球互联。设备的多功能性和多领域应用使其成为现代社会不可或缺的一部分。

（三）设备选择和优化

设备选择和优化是各个领域和行业中关键的决策过程。在选择设备时，需要综合考虑多个因素，以满足特定任务和需求。而设备的优化则旨在提高性能、效率和可靠性，以实现更好的生产或操作结果。设备选择的关键因素之一是任务和需求的明确定义。确定设备的具体功能、工作条件和性能要求是选择过程的基础。例如，在制造业中，需要考虑加工材料的类型、精度要求和产能需求。设备的可靠性和性能是重要的考虑因素。可靠性意味着设备能够长时间地稳定运行，降低了停机和维修成本。性能要求包括工作速度、精度、生产能力等，需要与任务需求相匹配。成本因素在设备选择中占有重要地位。设备的采购成本、运营成本、维护成本都需要考虑。经济性分析有助于确定设备的总拥有成本和回报。设备的适用性和灵活性也是重要因素。设备应该适应不同的工艺要求，具有一定的可调性和扩展性，以满足不断变化的生产需求。

设备的优化是为了提高其性能、效率和可靠性。这可以通过定期维护、设备升级、改进操作流程等方式来实现。设备优化有助于降低运营成本、延长设备寿命和提高生产效率。设备选择和优化是一项复杂的任务，需要全面考虑任务需求、性能要求、成本因素和适用性。正确的选择和不断地优化有助于提高生产效率、降低成本、提高产品质量，从而为企业和组织创造更多的价值和竞争优势。

二、设计考虑因素

在产品或系统的设计过程中，有多个关键因素需要综合考虑。设计必须满足产品的功能要求，确保它能够完成预期的任务。同时，设计师还必须考虑产品的性能，包括速度、精度、效率等。材料的选择和特性也是设计的关键因素，它们直接影响着产品的耐用性和可靠性。此外，安全性是设计的重要考虑因素之一。产品必须符合相关的安全标准和法规，以确保用户和环境的安全。设计中还需要考虑风险评估，以识别和减少潜在的危险。成本效益是另一个重要因素。设计必须在预算范围内，同时最大限度地提供性能和功能。成本包括制造成本、维护成本以及产品的寿命周期成本。

可维护性和维修性也是设计的考虑因素。产品必须容易维护和修复，以降低维修时间和成本。这包括设计上的容错性和易更换的部件。可持续性是现代设计的关键焦点。产品的生命周期影响，包括资源使用、能源效率和环境影响，必须在设计中得到充分考虑。

可持续性还包括社会责任和道德考虑，如供应链透明度和劳工权益。用户体验也是设计的关键要素之一。产品必须易于使用、符合用户需求，以提高用户满意度和市场接受度。设计中的人机界面、人性化和用户友好性等因素都影响用户体验。市场需求和竞争环境也需要考虑。设计必须适应市场趋势和竞争对手，以确保产品具有竞争力和市场可行性。设计是一个综合性的过程，需要在多个方面做出权衡和决策。设计师必须在功能、性能、安全性、成本、可维护性、可持续性、用户体验和市场需求之间找到平衡，以创造出成功的产品或系统。这需要跨学科的知识和全面的分析，以满足不断变化的需求和挑战。

（一）产品设计考虑因素

产品设计是一个综合性的过程，涉及多个重要因素。市场需求和客户反馈是设计的基础。设计师需要了解目标市场，掌握客户的需求和偏好，以确保产品能够满足市场需求并吸引客户。技术规格和性能要求对产品设计至关重要。设计师必须考虑产品的功能、性能、耐用性、可靠性和安全性，确保产品能够达到预期的技术标准。设计创新是产品设计的重要方面。通过创新，产品可以在市场中脱颖而出，获得竞争优势。创新包括产品的外观设计、功能特性、材料选择等方面的改进和独特之处。

原型制作是产品设计过程中的关键步骤。制作原型可以帮助设计师验证设计概念，检查可行性，并进行必要的改进。同时，制造过程的考虑也是产品设计中的重要因素。设计师需要考虑如何将产品制造出来，选择合适的生产工艺和材料，以确保产品可以在生产中实现高效率和成本控制。产品设计是一个复杂的过程，需要综合考虑市场需求、技术规格、创新、原型制作和制造过程等多个因素。成功的产品设计可以为企业带来竞争优势，满足不断变化的市场需求，推动业务的发展和增长。

（二）工程设计考虑因素

工程设计涉及多个复杂的因素，以确保项目的成功实施和功能完善。设计必须考虑项目的功能需求，确保满足预期的工程目标。这包括确定项目的主要目标和功能，以及项目将如何满足这些需求。安全性是工程设计的重要方面。设计必须考虑工程项目可能面临的潜在危险和风险，并采取适当的措施来减轻这些风险，以确保工程操作和使用的安全性。

材料选择也是设计中的重要因素。工程设计师必须选择合适的材料，以满足项目的需求，并考虑到材料的耐久性、成本、可用性和环境影响等因素。成本效益是设计的一个重要方面。设计必须在预算范围内，并优化资源使用，以确保工程项目的经济可行性。环境影响评估也是工程设计的一部分。设计师必须考虑工程项目对周围环境可能产生的影响，并采取措施来减少不良影响，以满足环境法规和可持续性要求。维护性和可维修性也是设计的考虑因素。工程设计师必须确保工程项目易于维护和维修，以降低长期维护成本。可持续性是现代工程设计的重要焦点。设计必须考虑如何降低资源消耗、减少废弃物和排放，以满足可持续发展的需求。项目的时间表和进度也是设计的一个重要方面。设计师必须确保项目按计划进行，以确保项目的及时完成。综合考虑这些因素，工程设计必须综合考虑多个方面，以满足项目的需求和目标，同时考虑到安全、成本、环境和可维护性等因素。这需要设计师具备广泛的知识和综合能力，以确保工程项目的成功实施。

三、新技术和创新

新技术和创新是社会进步和经济发展的关键因素。它们推动了科学、工程和产业的不断演进，为人类创造了更好的生活和更广阔的未来。新技术的涌现是由科学研究和工程实践的不断推进而驱动的。科学家通过探索未知领域、研究自然规律和发展新理论，为新技术的发展提供了基础。工程师和创新者则将这些理论应用到实际生产和应用中，创造出新的产品和服务。这一不断的迭代过程推动了新技术的不断涌现。新技术的应用范围广泛，涵盖了通信、医疗、能源、交通、制造等多个领域。例如，无线通信技术的发展使人们能够实现实时通信和信息共享，医疗技术的进步提高了医疗诊断和治疗的效率和精度，可再生能源技术的创新有助于减少对化石燃料的依赖，智能交通系统的应用提高了交通管理的效率和安全性，先进的制造技术提高了产品质量和生产效率。新技术和创新是推动社会和经济发展的重要引擎。它们改变了我们的生活方式、提高了生产效率、创造了就业机会、解决了全球挑战，并为未来的进步铺平了道路。因此，鼓励和支持新技术和创新是至关重要的，它们将继续塑造我们的未来。

（一）自动化和机器人化

当谈到现代金属成形设备时，我们可以看到一个明显的趋势，即越来越多的制造业开始采用自动化和机器人化技术，以改善生产过程和产品质量，同时减少劳动力成本和人为误差。这个趋势在制造业中取得了显著的成功，并且不断演进和扩展。自动化和机器人化的引入使得金属成形设备能够执行各种任务，从简单的重复操作到复杂的加工和装配工作。这种自动执行可以持续进行，不受工作时间的限制，从而提高了生产效率和产能。设备可以在不需要人员直接干预的情况下运行，这有助于降低劳动力成本，特别是在高工资地区。自动化和机器人化可以提高产品的一致性和精度，减少了人为误差的可能性。机器人和自动化系统可以精确执行指定的任务，无论是在金属切割、焊接、折弯还是其他成形过程中，都可以实现高度精确的结果。这有助于减少废品率，提高产品质量，降低返工和修复的需要。

另一个重要的优势是机器人和自动化系统可以在危险或恶劣环境中工作，从而保护工人的安全。它们可以处理高温、有毒气体或其他危险条件下的任务，减少工人的风险和健康问题。现代金属成形设备的自动化和机器人化趋势在制造业中取得了显著的成功，它们提高了生产效率、降低了劳动力成本、提高了产品质量，同时也改善了工人的工作环境和安全。这一趋势预计将继续发展，为制造业带来更多的创新和竞争优势。

（二）激光和电子束加工

高能量加工技术，如激光切割和电子束焊接，已经在金属成形设备中得到广泛应用，并为制造业带来了一系列重要的优势。这些技术的扩展应用不仅提高了生产效率，还提高了产品质量，减少了材料浪费，高能量加工技术在金属成形中提供了卓越的精度。激光切割和电子束焊接能够精确控制能量聚焦点，使得切割和焊接的过程非常精细。这意味着工件可以以更高的精度和更复杂的几何形状进行处理，从而满足多样化的制造需求。这些技术有助于减少材料浪费。由于它们的高精度，激光切割和电子束焊接可以最大限度地减少废料和余料的产生。这不仅有助于节省原材料成本，还有利于可持续性和环保。高能量加工技术还提高了生产效率。它们能够以更快的速度进行切割和焊接，相比传统方法，生产周期大大缩短。这降低了生产成本，并提高了生产能力，有助于应对市场需求的波动。

这些技术在金属成形设备中的应用提高了产品质量和一致性。它们减少了人为错误的风险，提供了可重复的工艺控制，从而确保了产品的稳定性和可靠性。激光切割和电子束焊接等高能量加工技术在金属成形设备中的广泛应用为制造业带来了显著的优势。它们提供了更高的精度、减少了材料浪费、提高了生产效率和产品质量，使制造业能够更好地满足市场需求，提高竞争力，并在可持续性方面取得积极的贡献。

（三）数字化设计和仿真

数字化设计和仿真是现代工程和制造领域的关键技术，它们基于计算机科学和虚拟现实技术，改变了产品开发和制造的方式，带来了许多重要的优势。

数字化设计是指使用计算机辅助设计（CAD）工具来创建和修改产品设计。它允许工程师在虚拟环境中建立三维模型，进行设计和分析，而不需要物理原型。这样可以大大缩短产品开发周期，减少原型制作的成本，并提高设计的灵活性。数字化设计还允许团队协作，即使分布在不同地点，也可以同时共享和编辑设计。仿真是数字化设计的重要组成部分，它允许工程师模拟产品在不同条件下的行为。这包括结构仿真、流体动力学仿真、热仿真等。通过仿真，工程师可以在虚拟环境中测试不同设计方案，预测产品的性能，优化设计参数，从而减少试验和测试的需求，降低产品开发成本，并提高产品质量和可靠性。

数字化设计和仿真的另一个优势是它们支持可持续性和环保。通过模拟和优化，可以减少产品的能源消耗，降低废弃物和污染的产生，从而对环境产生更小的影响。数字化设计和仿真还有助于实现定制化生产。工程师可以根据客户的需求定制产品，而不需要重新设计整个制造流程。这有助于满足不断变化的市场需求，提高客户满意度。数字化设计和仿真是现代工程和制造领域不可或缺的技术，它们加速了产品开发过程，降低了成本，提高了产品质量，支持可持续性和环保，促进了定制化生产。这些技术将继续推动工程和制造的创新和进步。

金属成形设备设计涵盖了多种设备类型和应用领域，需要综合考虑材料选择、结构设计、控制系统、安全性设计和维护性设计等因素。同时，不断发展的新技术和创新在金属成形设备领域提供了更多的机会和挑战。

第四节　材料处理与涂层装备设计

材料处理与涂层装备设计是制造业中至关重要的一环。这种装备必须适应不同材料的处理需求，如金属、塑料、陶瓷等，以确保高效地加工和涂层应用。设计中需要考虑材料的特性、温度、精确性和速度等因素，以满足各种工业需求。涂层装备设计也必须考虑材料的附着性、耐久性和一致性，以确保涂层质量和性能。这些装备设计应注重操作的安全性，降低材料浪费，提高生产效率，同时考虑可维护性和可持续性，以适应现代制造业的需求。因此，材料处理与涂层装备设计必须综合考虑多个因素，以满足各种工业应用的需求，提高产品质量和生产效率。

一、材料处理装备

材料处理装备在工业生产和制造中扮演着至关重要的角色。它们用于改变原始材料的物理、化学或机械性质，以满足不同应用需求。这些设备的种类多种多样，包括加热炉、冷却设备、振动器、压力机等。加热设备是材料处理的重要工具之一。通过控制温度和加热时间，可以改变材料的晶体结构、硬度和强度，以满足不同行业的需求。例如，金属热处理设备用于提高金属的强度和耐腐蚀性，而熔炼炉则用于将原材料加热至液态状态，以制造各种金属合金。冷却设备是另一个重要的材料处理工具。它们用于控制材料的冷却速度，以影响其晶体结构和硬度。淬火设备将材料迅速冷却，增加其硬度，而退火设备则通过缓慢冷却来减少材料的脆性。振动设备通常用于材料的表面处理，如去除氧化层、清洁、抛光和去除残余物。这些设备通过振动材料与磨料或清洁剂的接触来实现表面改良。压力机和挤压机等机械设备用于改变材料的形状和尺寸。它们通过施加力量来塑造材料，制造各种零部件和产品，如汽车零件、金属管材、塑料制品等。

材料处理装备在制造和加工过程中起着至关重要的作用，它们使原材料变得更具适用性，以满足不同行业和应用领域的需求。这些设备的选择和使用需要根据具体的生产需求和材料特性进行精心规划和操作，以确保最佳的处理效果和产品质量。材料处理装备是在制造业和工程领域中广泛使用的设备，用于改变材料的物理、化学或机械性质以满足特定需求。

（一）材料处理装备的类型

1. 热处理设备。热处理装备用于改变材料的组织结构和性能，通常涉及加热和冷却过程。热处理设备包括热处理炉、淬火设备、退火炉、热处理窑等。这些设备可以用于提高材料的硬度、强度、耐腐蚀性和耐磨性等。

2. 表面处理设备。表面处理装备用于改善材料的表面性能，包括涂覆、镀层、喷涂、氮化、硬化等。表面处理设备包括镀层设备、热浸镀设备、涂覆机、喷涂机和等离子体表面处理装置。这些设备可以提高材料的耐磨性、耐腐蚀性、导热性和外观质量。

3. 加工设备。加工设备用于改变材料的形状、尺寸和结构，包括切削、成型、冷加工、热加工等。加工设备包括机床、冷冲压机、注塑机、挤压机等。这些设备可以用于制造各种零部件和产品。

（二）材料处理装备的应用

1. 金属加工。材料处理装备在金属加工中有广泛的应用，用于制造零部件、工具和结构材料。热处理设备可以用于提高金属的硬度和强度，表面处理设备可以提高金属的耐腐蚀性和外观质量，加工设备可以将金属加工成所需的形状。

2. 塑料加工。材料处理装备在塑料加工中也扮演着重要角色。注塑机、挤压机和压延机等设备用于制造塑料制品。表面处理设备可以提高塑料制品的表面质量和耐用性。

3. 陶瓷和复合材料加工。对于陶瓷、复合材料和其他非金属材料，材料处理装备可以用于烧结、压制、涂覆和表面处理等工艺，以改善其性能和应用范围。

材料处理装备在现代制造和工程领域中具有重要作用，可以改善材料的性能、延长其使用寿命，满足不同领域的需求。选择适当的材料处理装备和工艺对于生产高质量的产品和材料至关重要，同时也有助于提高生产效率和降低成本。

二、涂层装备设计

涂层装备设计是一个多领域的工程领域，涵盖了各种不同的应用，包括工业、航空航天、汽车、建筑和医疗等。这些装备的设计旨在实现涂层或覆盖物的均匀、可靠和高质量应用，以提高产品的性能、保护表面或赋予特殊功能。在涂层装备的设计中，首先需要考虑的是所涂覆的材料的性质。不同的涂层材料，如油漆、涂料、薄膜或涂胶，具有不同的流变性质、黏度和干燥特性。因此，设计必须考虑这些材料的特性，以确保其能够在装备中有效地输送、均匀分布和固化。涂层装备的设计需要关注涂层的均匀性和一致性。这包括考虑涂层的厚度控制、流量控制和速度调整，以确保涂层在整个表面上的均匀分布，避免出现涂层不均匀或斑点。涂层装备的设计还需要关注涂层的质量控制和监测。这包括采用传感器、监测系统和自动化控制，以实时监测涂层质量，及时调整参数以确保涂层符合规格要求。此外，安全性也是设计的一个重要方面。涂层装备可能涉及化学品、高温或高压等潜在危险，因此必须采取适当的安全措施来保护操作人员和环境。可维护性和可持续性是涂层装备设计的关键因素。设计必须考虑维护和清洁的容易性，以减少停机时间和维护成本。同时，设计还应考虑能源效率和环保要求，以降低能源消耗和减少废弃物的排放。涂层装备设计是一个综合性的工程领域，要求综合考虑涂层材料的特性、均匀性、质量控制、安全性、可维护性和可持续性等多个因素。这需要设计师具备广泛的知识和经验，以满足不同应用领域的需求，提供高质量的涂层应用装备。涂层装备设计是涂层工艺中的重要环节，它涉及涂层设备的选择、配置和优化，以确保涂层过程的高效性和质量。

（一）涂层装备类型和特点

1. 涂层工艺选择。涂层装备的设计首先需要考虑所需的涂层工艺。不同的涂层工艺包括喷涂、浸渍、刷涂、电镀、热喷涂等，每种工艺都有其适用的应用和特点。设计师需要根据涂层材料、基材、涂层厚度和生产需求来选择合适的工艺。

2. 材料选择与涂层性能。涂层装备设计必须考虑涂层材料的选择，包括涂层的成分、颗粒大小、黏度和流动性等特性。不同的材料可以影响涂层的附着力、硬度、耐腐蚀性等性能。

3. 涂层厚度控制。涂层装备需要具备涂层厚度的控制能力。这可以通过涂层喷嘴的设计和调整、喷涂速度的控制、基材运动控制等方式来实现。厚度控制是确保涂层性能一致性的关键因素。

4. 自动化与智能化。现代涂层装备越来越倾向于自动化和智能化。自动化涂层系统可以提高生产效率，减少人工干预，通过实时监测和控制来提高涂层的均匀性和一致性。智能化涂层设备可以根据不同的工艺需求和材料特性进行自适应调整。

（二）特殊要求和应用

1. 温度和环境控制。某些涂层过程需要特定的温度和环境控制，以确保涂层的质量和性能。设计师需要考虑加热、冷却、湿度控制等方面的需求。

2. 废物管理和环保。涂层装备设计还需要考虑废物管理和环保问题。废涂料和溶剂的处理、废气排放控制、材料回收等都是设计中需要考虑的因素，以确保符合环保法规。

3. 大规模生产和定制需求。涂层装备设计必须适应不同规模的生产需求。有些涂层装备适用于大规模批量生产，而其他装备则适合小批量生产或定制涂层需求。

4. 高精度和高效率。某些应用需要高精度的涂层，如光学涂层或微电子领域。设计师需要确保装备能够提供高精度的涂层，并在高效率下完成。

涂层装备设计涵盖了多个因素，包括涂层工艺选择、材料性能、涂层厚度控制、自动化与智能化、温度和环境控制、废物管理、大规模生产与定制需求、高精度与高效率等。设计师需要根据具体的应用需求和材料特性来选择和优化涂层装备，以确保涂层质量和生产效率。

第四章 装配与测试工艺装备设计

第一节 装配线与工作站设计

装配线和工作站设计是制造业中的重要环节，关系着生产效率和产品质量。装配线的设计需要考虑产品组装的顺序、工序之间的协调以及操作员的工作负荷分配，以实现高效率的生产流程。工作站的设计应考虑操作员的工作环境，如人体工程学、工具和材料的合理摆放，以提高工作效率并降低疲劳和错误率。装配线和工作站设计还应充分考虑安全性和可维护性，确保员工的安全，同时减少设备的故障和维修时间。综合考虑这些因素，有效的装配线和工作站设计有助于提高生产效率，降低生产成本，提高产品质量，从而增强企业的竞争力。

一、装配线设计

装配线设计是工业生产中的关键环节，旨在优化产品组装过程，提高生产效率和降低成本。这涉及工艺装备的布局、工作站的设置、物料输送系统的设计等方面。装配线设计需要考虑产品的组装顺序、工序之间的协调，以最大限度地减少不必要的移动和等待时间。工作站的设计应充分考虑操作员的工作环境，确保他们能够高效地完成任务。物料输送系统的设计应确保材料和零部件能够准确地传送到需要的位置，以避免生产中断。综合考虑这些因素，装配线设计有助于提高生产效率、降低生产成本，同时保持产品质量一致，提高企业的竞争力。

（一）工艺流程分析

在设计装配线之前，进行工艺流程分析至关重要。这个过程旨在深入了解产品的装配过程，以确保装配线的设计能够高效地满足生产需求。工艺流程分析涉及对产品的装配过程进行详细的解剖。这包括确定产品所需的所有零部件，从原材料到组装件，以及它们之间的关系。了解每个零部件的尺寸、形状、材料和特性对于后续的装配过程至关重要。分析工艺流程需要明确每个装配工序的具体步骤和顺序。这包括装配员如何将零部件组合在一起，使用什么工具和设备，以及在每个步骤中可能出现的特定需求或挑战。工艺流程分析需要考虑装配过程中可能涉及的任何特殊要求，如特殊的安全措施、环境条件或质量标准。这些因素将直接影响装配线的设计和布局。通过深入分析工艺流程，设计团队可以更好地理解生产过程的复杂性和需求，从而制订出更合理和高效的装配线设计方案。这有助于提高生产效率、降低成本、确保产品质量，并确保装配线能够适应不断变化的市场需求。综合考虑所有这些因素，工艺流程分析为装配线的成功设计和实施提供了坚实的基础。

（二）自动化与人工操作

决定装配线自动化程度是一项重要的战略性决策。自动化装配线的引入可以显著提高生产效率，通过减少人工干预，降低生产成本，提高生产速度和一致性。这对于大规模、重复性的生产任务尤为有效，可以实现高度的自动化和机器人化。在一些复杂的装配任务中，人工操作仍然是不可或缺的。这是因为某些装配过程可能涉及视觉辨识、灵活性和判断能力等人类独特的技能。人工操作可以确保复杂部件的正确组装，检测不寻常的问题和进行必要的微调，以保证最终产品的质量和性能。决策装配线自动化程度必须综合考虑多个因素，包括生产任务的性质、数量、复杂度、质量要求以及可用技术和资源。有时，混合自动化和人工操作的策略可能是最佳选择，以充分发挥两者的优势，提高效率和质量。自动化程度的决策是一个复杂的平衡考虑过程，需要根据具体情况来制定。它涉及生产效率、质量保证和成本控制等多个方面，目标是在提高生产能力的同时，确保产品质量和市场竞争力。

（三）产能规划

根据生产需求和预期的产量来设计装配线的产能是非常重要的，它可以帮助企业确保在满足市场需求的同时避免生产过剩或不足的问题。了解生产需求是关键。这包括对市场需求的深入分析，考虑销售预测、季节性变化以及市场趋势等因素。明确市场需要的产品数量和频率是设计装配线产能的基础。预期的产量是另一个重要的考虑因素。这取决于装配线的生产效率、工作时间、装配速度以及任何潜在的停机时间。设计团队需要确保装配线的设计产能能够满足预期的产量，同时还要考虑到一定的生产冗余，以应对潜在的生产波动或突发情况。此外，需要考虑到装配线的灵活性。一些装配线可以根据需要进行扩展或缩减，以适应市场需求的变化。这种灵活性在处理季节性需求或新产品上市时尤为重要。装配线产能的设计还需要与供应链管理相协调。确保原材料、零部件和成品的供应链能够与装配线的产能相匹配，以避免生产中断或库存积压。根据生产需求和预期的产量来设计装配线的产能是一个复杂的任务，需要深入的市场分析、生产规划和供应链管理。正确的产能设计有助于确保企业能够满足市场需求，同时有效地管理生产资源，避免生产过剩或不足的问题，从而提高生产效率和降低成本。

（四）物料管理

在设计装配线时，物料供应、储存和提供给装配工人的方式是至关重要的考虑因素。这些因素直接影响装配线的生产效率和整体运作。为了确保零部件的及时供应和正确配送，物料供应链必须被精心设计。这包括确保供应商按时交付所需的零部件，减少供应链中的延迟和瓶颈。供应链的透明性和可追溯性对于及时调整和决策至关重要。物料储存和管理是关键。装配线附近的储存区域必须设计得紧凑而高效，以减少运输时间。采用适当的储存系统，如货架、托盘或自动化仓储，可以帮助提高物料的可访问性和管理效率。物料的配送和提供给装配工人必须具有良好的组织和协调。这可能涉及使用输送带、自动化机器人或手动操作，具体取决于零部件的性质和装配线的布局。确保零部件按需供应，减少等待时间和交叉混淆是关键目标。物料管理系统的实时监控和反馈机制是必不可少的。这些系统可以帮助跟踪物料的库存水平、供应链状态和装配线的性能，以便及时调整和改进。这有助于确保生产不受中断，并且零部件始终以正确的方式提供给装配工人。物料供应、储存和提供给装配工人的方式是装配线设计的核心部分。它们需要被精心规划和管理，以确保装配线的高效运作，及时交付产品，降低生产成本，提高质量和客户满意度。

二、工作站设计

工作站设计在工艺装备中扮演着关键角色。这些工作站必须满足操作员的需求，提供舒适、高效的工作环境。设计师必须考虑工作站的布局、工作空间、人机界面和人体工程学，以确保操作员可以轻松完成任务。工作站必须考虑设备的易用性和可访问性，以降低操作员的劳动强度和错误率。工作站设计还需要考虑安全性，包括防护设施、紧急停机和危险品管理。材料的选择和表面处理也是关键，以确保工作站易于清洁和维护。工作站的设计应考虑未来的发展和技术需求，以保持灵活性和可升级性。综合来说，工作站设计在提高工艺装备的效率、操作员的舒适性和安全性方面发挥着至关重要的作用。

（一）工作站布局

工作站的布局设计在制造和装配过程中扮演着至关重要的角色，它不仅关系着生产效率，还直接影响着工作员的工作舒适性和安全性。因此，在设计工作站时需要仔细考虑多个因素，以最大限度地提高效率和舒适性。工作站的布局应考虑工人的工作流程。这意味着安排工作站的顺序，使得工作员能够按照自然的工作流程依次完成任务，而不需要不必要的移动或重复。优化工作流程可以显著提高生产效率，减少不必要的停机时间。工具和设备的位置也是关键因素。工作员应能够轻松访问所需的工具和设备，而不必花费过多的时间和精力。合理的工具摆放和设备安排可以减少工作员的疲劳，提高工作效率，并降低操作错误的风险。工作站的布局还需要考虑工作员的工作环境。这包括工作站的高度、座椅的舒适性、照明条件、通风和噪声控制等因素。一个舒适的工作环境可以提高工作员的工作满意度，减轻身体负担，从而提高生产效率。

安全性也是工作站设计的重要方面。工作站应设有必要的安全设备和防护装置，以确保工作员的安全。这包括防护屏障、急停按钮、紧急退出通道等。工作站的设计应符合安全标准和法规，以减少事故和伤害的风险。综合考虑这些因素，合理的工作站布局设计有助于提高生产效率、降低成本、减少错误率，同时提升工作员的工作满意度和安全性。这是一个综合性的任务，需要工程师和人机工程学专家的专业知识和经验，以确保工作站的设计达到最佳效果。

（二）工作站人机界面

工作站设计的重要焦点之一是人机界面，它直接关系着工人的操作效率、错误率和工作舒适度。为了确保工人可以轻松操作和访问所需的工具和信息，工作站的布局和组织必须优化。工作台、工具、设备和材料的摆放应考虑到工作流程，以最小化工人的移动和等待时间。合理的空间规划可以减少不必要的步骤，提高操作效率。人机界面必须直观且易于使用。触摸屏、按钮、显示屏和控制台等元素应设计得符合人体工程学，容易理解和操作。清晰的标识、图标和指示可以帮助工人快速识别和使用设备。信息的可访问性也很重要。工人应能够轻松获取所需的工艺指导、图纸、数据和培训资料等信息。这可以通过数字化界面、网络连接和实时数据反馈来实现，有助于降低错误率和提高质量。

工具和设备的设计也应考虑操作人员的需求。人机界面必须允许工人方便地调整工具的设置、更换刀具或零件，并提供紧急停机和安全功能，以确保工人的安全。工作站的设计需要考虑工作人员的舒适度。符合人体工程学的椅子、照明和工作台高度等因素都可以减轻工人的体力负担，提高工作效率。人机界面是工作站设计的核心，直接关系着工人的工作体验和生产效率。通过优化工作站的布局、操作界面、信息访问和设备设计，可以降低错误率、提高生产效率、增强工人的工作满意度，并为工业生产提供更高的质量和可持续性。

（三）作业标准化

在工作站设计中，引入标准化作业流程和标准化工具是一项非常有效的策略，它可以帮助提高质量一致性、降低生产成本并提高培训效率。标准化作业流程是关键。通过定义和规范每个工序的操作步骤，以及工作员应遵循的最佳实践，可以确保产品在每个工作站上都以相同的方式进行装配。这有助于减少变异性，提高产品质量的一致性，减少缺陷和退货率。标准化工具的使用也非常重要。为每个工作站提供标准化的工具和设备，确保工作员使用的是高质量、符合规格的工具，这有助于提高装配过程的精度和效率。标准化工具还可以减少操作员的培训时间，因为他们只需要学会如何正确使用这些标准工具。

标准化作业流程和工具还有助于降低生产成本。因为它们能够减少不必要的时间浪费、降低人为错误的风险，从而提高生产效率。标准化还可以简化库存管理，因为只需要维护和替换标准工具和零部件，而不是各种不同的特定工具。标准化作业流程和工具还有助于培训效率的提高。新员工可以更快地适应工作站的操作，因为他们只需要学习标准化的流程和工具使用方法。这减少了培训时间和成本，同时确保了新员工的操作符合质量标准。

综合考虑这些因素，标准化作业流程和工具在工作站设计中起着关键作用，有助于提高质量一致性、降低成本、提高培训效率，从而增强企业的竞争力。这需要工程师、生产管理专家和质量控制团队的紧密合作，以确保标准化的实施和维护。

三、连续改进和监控

连续改进和监控是工艺装备运营中至关重要的方面。它们旨在不断提高生产效率、降低成本和确保产品质量。监控系统用于实时跟踪工艺参数和设备性能，以及检测任何潜在的问题或异常情况。这有助于及早发现并解决问题，以避免生产中断和质量问题。同时，连续改进的方法和工具，如精益生产和六西格玛，帮助优化工艺流程，减少浪费，提高生产效率。通过不断监控和改进，工艺装备能够适应市场需求的变化，提高生产的灵活性，从而增强企业的竞争力。这些策略有助于确保工艺装备的可靠性和性能，同时保持产品质量，满足客户的需求，提高生产效率，实现可持续的制造。

（一）性能监控

对装配线和工作站的性能进行监控和分析是一个持续改进的关键环节，它有助于发现潜在的问题和瓶颈，及时采取措施来提高生产效率和质量。监控装配线和工作站的性能可以帮助识别瓶颈。通过实时数据采集和分析，可以确定哪个工序或工作站的产能受限，以及造成这些问题的原因。这有助于优化资源分配，确保生产线的各个部分都能够协调运作，避免生产瓶颈。监控还可以用于检测错误和不合格品。通过实时检测和数据分析，可以及早发现装配过程中的问题，包括装配错误、零部件缺陷等。这有助于减少废品率，提高产品质量。监控还可以用于评估工作站的效率。通过收集数据，可以分析每个工作站的生产速度、停机时间和生产周期等指标。这有助于识别效率低下的区域，找出造成问题的原因，然后采取措施来改进工作流程和培训，提高效率。监控装配线和工作站的性能还有助于实施持续改进。通过定期的数据分析和绩效评估，可以建立一个反馈循环，不断改进工作站的设计和操作，以适应不断变化的市场需求和技术进步。监控和分析装配线和工作站的性能是确保生产过程高效和质量一致的关键步骤。这需要使用先进的监控技术和数据分析工具，以及专业的生产管理团队的支持。持续的性能监控和改进可以提高生产效率、降低成本、提高产品质量，从而增强企业的竞争力。

（二）周期性评估

定期评估装配线和工作站的性能是一个关键的管理实践，有助于持续改进生产过程，提高效率和质量。这个过程不仅可以帮助发现问题，还能识别潜在的改进点，通过反馈和数据分析进行优化。定期性能评估包括监测关键指标，如生产速度、质量指标、故障率和产能利用率等。这些指标的跟踪可以帮助识别潜在的瓶颈或问题区域。例如，如果某个工作站的生产速度较低，可能需要调查并找出导致这一问题的原因，然后采取措施进行改进。定期评估应包括员工的参与和反馈。工作人员是生产过程中的关键参与者，他们的经验和洞察力对改进工作站的性能至关重要。员工可以提供关于工作站操作的反馈，指出可能的问题和改进建议。

数据分析和技术工具也是性能评估的重要组成部分。现代生产装备通常配备了传感器和数据采集系统，可以实时监测和记录数据。这些数据可以用于分析生产过程，识别潜在问题，并为改进提供依据。定期性能评估应该是一个持续改进的过程。一旦问题被发现，就应该采取措施进行校正，并在改进之后重新评估性能。这种循环反馈机制可以确保装配线和工作站不断优化，以适应市场需求的变化和技术进步。定期评估装配线和工作站的性能是管理生产过程中不可或缺的一部分。它有助于识别问题、改进效率和质量，提高生产线的竞争力和可持续性。通过持续的监测、员工参与和数据分析，企业可以不断改进工作站和装配线的性能，适应不断变化的市场和行业需求。

（三）培训和技能发展

培训工人以适应新的装配线和工作站设计是至关重要的，它确保工作人员能够熟练掌握操作和工艺要求，从而实现高效的生产和产品质量的保证。培训应该始于装配线和工作站的介绍和解释。工作人员需要了解新的设计，包括工作站的布局、设备的位置、操作流程和工具的使用方法。这个阶段的目标是帮助工作人员熟悉新的工作环境和操作要求。实际的操作培训是关键。工作人员需要实际操作新的装配线和工作站，以确保他们能够熟练掌握操作技巧和工艺要求。培训应该包括正确使用工具和设备、按照标准操作流程进行装配、检查产品质量等方面的内容。安全培训也非常重要。工作人员需要了解新的工作站和装配线的安全规程，包括急停程序、防护措施、紧急撤离路线等。他们应该明白如何在工作过程中保障安全，预防事故和伤害。

培训还应该持续进行，以确保工作人员的技能和知识保持更新。随着时间的推移，可能会有新的工艺要求、操作流程或设备变化，因此培训应该及时跟进。培训还可以包括问题解决技能的培养，以帮助工作人员应对装配线和工作站上可能出现的问题和挑战。培训工人以适应新的装配线和工作站设计是确保生产过程顺利进行和产品质量的关键因素。这需要系统性的培训计划、专业的培训师和教育资源的支持，以确保工作人员能够胜任新的工作环境，并保持高水平的生产效率和质量标准。这对企业的竞争力和可持续发展至关重要。

第二节　自动化与机器人装备设计

自动化与机器人装备设计是现代工程领域的焦点。这类装备的设计旨在提高生产效率、降低生产成本、提高产品质量和减少人为错误。关键考虑因素包括装备的精度、速度、可编程性和安全性。精度是确保装备能够完成高精度任务的关键，如组装、焊接和检测。速度影响生产效率，必须平衡高速操作和精确性。可编程性允许装备适应不同的任务和工件，提高了灵活性和多功能性。安全性是必须考虑的重要方面，以防止工作场所事故和人员受伤。自动化与机器人装备设计还必须适应不同行业和应用的需求，如制造、医疗、物流和农业。因此，设计师必须具备广泛的工程知识和综合技能，以满足不断变化的市场需求，推动技术创新，并实现自动化和机器人技术在各个领域的广泛应用。

一、自动化装备设计

自动化系统规划。在设计自动化装备之前，需要进行系统规划，确定自动化的目标、范围和要求。这包括生产过程的自动化程度、设备类型和系统集成。

（一）传感器和控制系统

自动化装备依赖于传感器和控制系统来监测和控制生产过程。设计中需要选择适当的传感器和控制器，确保高精度和高可靠性。

（二）机械设计

自动化装备的机械设计需要考虑工作负载、速度、精度和可靠性。机械部件的选择和设计应满足生产要求和工艺流程。

（三）软件开发

自动化装备的控制软件是实现自动化的关键部分。应开发稳定可靠的控制软件，确保设备按计划运行，并能够应对变化和故障。

二、机器人装备设计

（一）机器人类型选择

在机器人装备设计中，需要选择适当类型的机器人，如工业机器人、协作机器人、移动机器人等，以满足任务和环境要求。

（二）末端执行器和工具设计

机器人通常需要携带末端执行器和工具来执行任务。设计这些部件需要考虑任务的性质和要求，以确保机器人能够有效地完成工作。

（三）编程和控制

机器人装备需要编程来执行任务。编程可以是离线编程或在线编程，设计中需要考虑编程工具和方法。

（四）安全性设计

机器人装备设计应符合安全标准和法规，确保机器人操作的安全性，包括防护装置、紧急停机系统和人机协作。

自动化与机器人装备设计需要综合考虑系统规划、传感器和控制系统、机械设计、软件开发、机器人类型选择、末端执行器和工具设计、编程和控制、安全性设计等因素。合理的装备设计有助于提高生产效率、产品质量和工作人员的安全性，从而推动现代制造业的发展。

第三节　测试与质量控制装备设计

测试与质量控制装备设计是确保产品质量的关键环节。这类装备的设计需要考虑各种测试方法、设备的精度和稳定性，以及数据分析和反馈系统的集成。它们用于检测产品的缺陷、测量关键参数，并确保产品符合规格和标准。设计中需要关注设备的可靠性、精确度和重复性，以确保测试结果的准确性。测试与质量控制装备设计还应考虑自动化程度，以提高生产效率和降低人为误差。这些装备在制造过程中起着至关重要的作用，有助于识别和解决质量问题，确保产品达到高标准，提高客户满意度，增强企业的声誉测试与质量控制装备设计是制造业中的关键领域，涵盖了产品测试和质量控制过程的优化。

一、测试装备设计

（一）测试需求分析

在设计测试装备之前，需要进行测试需求分析，明确产品的测试要求、标准和指标，以确保测试装备能够满足质量控制需求。

（二）测试方法选择

根据测试需求，选择适当的测试方法和技术，包括非破坏性测试（如超声波检测、X 射线检测）、破坏性测试（如拉伸试验、硬度测试）和功能性测试等。

（三）传感器和仪器选择

设计测试装备时，需要选择合适的传感器、测量仪器和数据采集设备，以确保测试结果准确可靠。

二、质量控制装备设计

（一）质量控制流程设计

质量控制装备的设计需要根据产品的质量控制流程，确定检测点、检测方法和控制标准，以确保产品质量。

（二）自动化与数据采集

现代质量控制装备通常具有自动化和数据采集功能，可以实时监测和记录生产过程中的质量数据，便于分析和改进。

（三）可视化界面和报告

质量控制装备应具备用户友好的可视化界面，以便操作人员监控质量控制过程，并生成质量报告。

三、安全性和可维护性设计

（一）安全性设计

质量控制装备的设计应考虑安全性，包括防护装置、安全开关和紧急停机系统，以保护操作人员和设备的安全。

（二）维护性设计

质量控制装备的设计应注重维护性，使设备易于维护和维修，包括易于更换传感器和仪器、清洁和维护点的可访问性等。

（三）校准和验证

质量控制装备需要经常进行校准和验证，确保测试和质量控制结果的准确性和可追溯性。

测试与质量控制装备设计需要综合考虑测试需求分析、测试方法选择、传感器和仪器选择、质量控制流程设计、自动化与数据采集、可视化界面和报告、安全性和可维护性设计、校准和验证等因素。合理的装备设计有助于提高产品质量、降低生产成本和提高质量控制效率，从而推动制造业的发展。

第四节　过程监控与数据采集系统设计

过程监控与数据采集系统的设计是关键的工程任务，用于实时监测和记录生产过程中的数据，以确保生产的稳定性、可靠性和质量。该系统必须能够采集来自各种传感器和设备的数据，包括温度、压力、流量、电流等，然后将这些数据集成到一个统一的平台中进行分析和可视化。设计师必须考虑数据采集的频率、精确性和实时性，以满足不同行业和应用的需求。系统必须具备故障检测和警报功能，以及数据存储和备份机制，以确保数据的安全和完整性。系统的设计还需考虑可扩展性，以适应未来的需求变化。最终，过程监控与数据采集系统的设计有助于提高生产过程的可控性和优化，为决策提供可靠的数据支持，提高生产效率并降低成本。

过程监控与数据采集系统设计是制造业中的关键领域，涵盖生产过程的监控和数据采集，以实现质量控制、效率提升和生产优化。

一、系统规划与架构设计

过程监控与数据采集系统设计的系统规划与架构设计是确保生产过程高效运作和数据可靠采集的关键环节。在这个过程中，需要考虑多个关键因素来确保系统的顺利运行和数据的高质量采集。系统规划需要考虑到生产过程的复杂性和多样性。不同行业和领域的生产过程具有不同的特点，因此需要根据具体情况来制订系统规划。这包括确定监控的关键参数、数据采集频率、传感器和设备的选择等。架构设计是系统规划的核心组成部分。架构设计涉及系统的硬件和软件组件，以及它们之间的交互。系统的硬件包括传感器、控制器、通信设备等，而软件包括数据采集、存储、分析和可视化工具。架构设计需要确保各个组件之间的协调和兼容性，以实现高效的数据流和信息交换。系统规划和架构设计还需要考虑数据的安全性和可靠性。数据在采集、传输和存储过程中需要受到保护，以防止未经授权的访问和数据丢失。同时，需要确保数据的可靠性，以便及时发现和纠正潜在的问题。系统规划和架构设计还应考虑未来的可扩展性。随着生产过程的发展和技术的进步，监控和数据采集需求可能会发生变化。因此，系统需要具备灵活性，能够适应未来的需求变化，并能够方便地进行扩展和升级。系统规划和架构设计需要与实际的生产流程和数据分析需求相匹配。这需要与生产团队和数据分析团队紧密合作，以确保系统能够满足他们的具体需求，并为决策支持提供准确的数据。过程监控与数据采集系统设计的系统规划与架构设计是一个复杂而关键的任务。它需要跨职能团队的协作和专业知识的支持，以确保系统能够顺利运行，数据可靠采集，并为生产流程的优化和改进提供有力支持。

（一）需求分析

在设计过程监控与数据采集系统之前，需要进行需求分析，明确监控目标、数据需求、监控点和质量控制指标。

（二）系统架构设计

根据需求分析，设计系统的整体架构，包括数据采集设备、传感器、控制器、数据存储和处理单元等组成部分。

（三）数据通信与集成

确保不同设备和系统之间的数据通信和集成，以实现数据的实时传输和整合。

二、传感器和监控设备选择与部署

在过程监控与数据采集系统的设计中，传感器和监控设备的选择与部署至关重要，它们直接影响着系统的性能和可靠性。传感器的选择必须根据监测的参数和要求来进行。不同的应用需要不同类型的传感器，如温度传感器、压力传感器、流量传感器、振动传感器等。传感器的精度、灵敏度和测量范围必须与监测的过程变量相匹配，以确保准确性和可靠性。传感器的部署位置是关键。它们必须放置在能够准确反映实际情况的位置，以捕捉关键数据。部署位置的选择可能需要进行现场测试和分析，以确定最佳位置。传感器的安装和维护也是重要考虑因素。传感器必须正确安装，以避免干扰和损坏。定期的校准和维护是确保传感器性能稳定的关键步骤。数据采集设备的选择也必须与传感器兼容，并能够处理大量数据的收集和传输。这可能涉及数据采集卡、数据记录器、PLC（可编程逻辑控制器）等设备的选择。数据的传输和存储也是关键问题。传感器数据可能需要通过有线或无线网络传输到中央控制系统或云平台。因此，网络架构和数据存储方案的选择是必要的，以确保数据的安全性和可用性。传感器和监控设备的选择与部署是过程监控与数据采集系统设计中的关键步骤。它们需要综合考虑监测要求、环境条件、设备兼容性和数据处理等因素，以确保系统能够可靠地监测和采集数据，为决策提供有价值的信息，并帮助提高生产效率和质量。

（一）传感器选择

根据监控需求选择合适的传感器类型，如温度传感器、压力传感器、流量传感器等，以监测关键参数。

（二）监控设备部署

合理部署监控设备和传感器，确保监控点的覆盖和位置选择对生产过程有代表性。

（三）数据采集和处理

设计数据采集系统，确保实时采集数据、处理数据、存储数据，并生成可视化报告。

三、数据分析、报告与优化

过程监控与数据采集系统设计的数据分析、报告与优化是确保生产过程高效运作和不断改进的重要环节。在这个阶段，数据的采集、分析和报告需要紧密结合，以实现生产流程的优化和效率提升。数据采集是关键的一步。通过传感器和监测设备，各种数据，包括温度、压力、湿度、速度等，被实时采集。这些数据需要被准确、及时地记录下来，以确保对生产过程的全面监控。

数据分析是关键的一环。通过对采集到的数据进行分析，可以识别生产过程中的潜在问题和机会。数据分析技术，如统计分析、机器学习和人工智能，可以用来发现隐藏在数据背后的模式和趋势，以帮助改进生产流程。报告是将数据分析结果传达给决策者的关键工具。报告应该清晰、简洁地呈现关键指标和洞见，以便管理层和工程师及时采取措施。这些报告可以是实时的仪表盘、定期的报告或根据需要生成的自定义报告。数据分析和报告的结果应该用于优化生产流程。根据数据分析的结果，可以采取一系列措施，包括调整操作参数、改进工艺流程、优化设备维护计划等，以提高生产效率、降低成本、提高产品质量。过程监控与数据采集系统设计的数据分析、报告与优化是一个持续改进的过程。它需要先进的数据分析技术、清晰的报告和跨职能团队的协作，以确保生产流程不断优化，并满足不断变化的市场需求和质量标准。这对于企业的竞争力和可持续发展至关重要。

（一）数据分析与监控

使用数据分析工具和算法，监测生产过程的实时性能，并识别潜在问题和异常。

（二）质量控制和优化

根据数据分析结果，实施质量控制措施，及时调整生产参数以优化生产过程，提高产品质量和效率。

（三）报告与可视化

设计系统报告和可视化界面，以便管理人员和操作人员能够实时查看监控结果和趋势，并采取必要的行动。

过程监控与数据采集系统设计需要综合考虑需求分析、系统架构设计、传感器和监控设备选择与部署、数据采集与处理、数据分析、报告与可视化等因素。合理的系统设计有助于实现生产过程的实时监控、质量控制和效率优化，从而提高制造业的竞争力和生产效率。

第五章　材料处理工艺装备设计

第一节　热处理与表面改性装备设计

热处理与表面改性装备设计是关键的工程领域，它在材料加工和制造行业中扮演着至关重要的角色。这些装备的设计需要综合考虑材料特性、工艺要求和生产效率，以确保最佳的热处理和表面改性效果。热处理装备的设计是很重要的。热处理是一种通过控制材料的温度和处理时间来改善其力学性能、硬度和耐腐蚀性的过程。热处理装备通常包括炉子、加热元件、控制系统等组件。装备的设计需要考虑到所需的最高温度、升温和降温速度、温度均匀性等因素，以确保能够满足特定工艺的要求。热处理装备的安全性和可靠性也至关重要，因为高温操作涉及一定的风险。表面改性装备的设计同样重要。表面改性是一种通过改变材料表面的性质，以提高其抗磨损、耐腐蚀、润滑性等特性的过程。表面改性装备通常包括喷涂设备、等离子体喷涂机、电解沉积设备等。装备的设计需要考虑到表面处理方法、涂层材料的性质、喷涂或涂覆过程的控制，以确保获得一致的表面改性效果。装备设计需要与具体的热处理和表面改性工艺相匹配。不同的材料和工艺要求可能需要不同类型的装备和控制系统。因此，装备设计师需要了解不同工艺的要求，并根据其特点来进行设计。例如，淬火、退火、时效等热处理工艺需要不同类型的炉子和控制系统，而激光熔覆、等离子体喷涂等表面改性工艺需要不同类型的喷涂设备和气氛控制系统。装备的设计还需要考虑到可维护性和可持续性。装备在长期运行中可能需要定期维护和保养，因此设计应考虑到易于维护的特点，以降低维护成本和停机时间。装备的能源效率和环保性也是现代制造业越来越重要的考虑因素，因此设计应尽量减少能源消耗和排放。热处理与表面改性装备的设计是一个复杂而关键的工程任务。它需要材料科学、工艺工程和机械设计的综合知识，以确保装备能够满足特定工艺要求，并提高生产效率和产品质量。这对于现代制造业的竞争力和可持续发展具有重要意义。热处理与表面改性装备设计是制造业中的关键领域，涵盖了材料的热处理和表面改性过程。

一、热处理装备设计

热处理装备的设计至关重要，它用于改善材料的力学性能和耐腐蚀性。设计需综合考虑工作温度、升降温速率、温度均匀性等因素，确保满足特定工艺需求。装备包括炉子、加热元件和控制系统，需要高度耐热和耐腐蚀材料，以确保安全和可靠性。热处理装备设计需充分满足工艺的要求，保证产品质量和性能，同时考虑可维护性和能源效率，以提高生产效率并降低成本。

（一）热处理工艺分析

在设计热处理装备之前，必须进行详尽的热处理工艺分析。这一步骤至关重要，因为它决定了装备的设计参数和性能，直接影响热处理工艺的有效性和最终产品的质量。加热过程的分析是至关重要的。加热是将材料升温至所需温度的关键步骤。分析需包括所需的最高温度、升温速率、保温时间及温度均匀性的要求。这些参数的确定将直接影响热处理装备的加热系统设计，包括加热元件的类型和布局。保温过程的分析同样重要。在达到所需温度后，材料需要在一定时间内保持在该温度以完成热处理反应。保温时间的确定取决于材料的类型和厚度，以及所需的热处理效果。装备的设计需要确保在保温过程中能够维持稳定的温度和温度均匀性。冷却过程的分析也是不可忽视的。冷却是将热处理后的材料迅速冷却到室温的过程，通常用于固定材料的组织和性能。冷却速率和方法的选择取决于材料的要求。装备的设计需要考虑到有效的冷却系统，以确保在所需的时间内实现所需的冷却速率。热处理工艺分析是热处理装备设计的基础。它需要详细了解所需的材料热处理工艺，包括加热、保温和冷却过程的参数和要求。只有通过充分的分析，设计师才能确保装备能够满足工艺需求，实现一致的热处理效果，提高产品质量，并确保装备的安全性和可靠性。

（二）炉窑和加热设备

选择适当类型和规格的炉窑和加热设备对于成功实施热处理工艺至关重要。这些设备的设计和选择需考虑多个关键因素，以确保能够达到所需的温度和温度均匀性，以满足工艺要求。考虑工件的类型和尺寸是关键。不同类型的工件可能需要不同类型的炉窑和加热设备。例如，金属工件通常需要高温电阻炉或气氛炉，而较小的工件可能适合用电阻加热器或感应加热设备。工件的尺寸和形状也会影响设备的选择和设计。温度控制和均匀性是至关重要的。热处理工艺通常要求严格的温度控制，以确保工件达到特定的温度要求。选择设备时必须考虑加热元素的分布、温度控制系统的精度和稳定性，以及设备内的温度均匀性。温度梯度过大可能导致工件产生应力或变形，因此需要注意这一因素。工艺要求的气氛和环境也需要考虑。某些热处理工艺需要特定的气氛或保护气体，以防止氧化或化学反应。因此，设备的气氛控制和密封性是关键因素。设备必须能够处理工艺期间产生的废气和废物，以确保环境友好。设备的自动化和监测功能对于提高工艺控制和效率也非常重要。现代热处理设备通常配备了自动化控制系统、温度传感器和数据采集设备，可以实时监测和调整工艺参数，以确保工件达到所需的热处理效果。选择适当类型和规格的炉窑和加热设备需要全面考虑工件类型、温度控制、气氛要求和自动化功能。只有在这些因素得到综合考虑的情况下，才能够满足热处理工艺的要求，确保工件获得高质量的热处理效果。这对于制造业中的材料改性、硬化和退火等工艺至关重要。

（三）控温与控制系统

设计热处理装备的控温系统是确保材料热处理过程中温度准确控制和监测的关键部分。这一系统的设计需要综合考虑多个方面，以确保满足材料热处理规范和要求。温度传感器的选择和布局至关重要。温度传感器用于实时监测热处理过程中的温度变化。传感器的选择应基于工艺要求和材料特性，以确保准确的温度测量。传感器的布局也需要考虑到温度均匀性，尤其是在大型热处理装备中，以避免温度梯度过大。控制系统的设计是关键。控制系统负责根据预定的热处理工艺要求，调整加热和冷却系统以保持温度在设定范围内。这包括 PID 控制器、加热元件、冷却器和温度控制软件的选择。控制系统需要能够实时响应温度变化，以确保稳定的温度控制。温度数据的记录和分析也是不可或缺的。在热处理过程中，温度数据的记录可以用于验证工艺的合规性，并进行后续的质量控制和改进。因此，需要设计数据采集系统，将温度数据存储和分析，以生成温度曲线和报告。安全性和可靠性是控温系统设计的重要考虑因素。热处理装备通常在高温下运行，因此必须确保控温系统能够稳定运行，并在发生故障时安全停机。设计中需要考虑到冗余控制和紧急停机装置，以确保安全性。设计热处理装备的控温系统是一个复杂而关键的任务。它需要综合考虑传感器、控制系统、数据采集和安全性，以确保对温度的准确控制和监测，满足材料的热处理规范和质量要求。这对于提高产品质量、确保工艺合规性和提高生产效率至关重要。

二、表面改性装备设计

表面改性装备设计是关键的工程任务，它用于改善材料表面的性能，包括硬度、耐磨损性、耐腐蚀性等。这些装备通常包括喷涂、涂覆、沉积、等离子体处理等多种工艺，因此设计需充分考虑工艺要求和材料特性。装备的设计需要确保工艺参数，如温度、压力、速度等，能够精确控制，以实现一致的表面改性效果。装备的材料选择和耐磨性设计也是关键，以确保长时间运行和维护。总之，表面改性装备的设计需要结合工艺要求和材料特性，以提高材料的性能和延长其使用寿命。

（一）表面改性工艺分析

在设计表面改性装备之前，进行表面改性工艺分析是至关重要的。这一分析过程旨在深入了解所需的表面改性工艺，以便在装备设计中充分考虑工艺要求和材料特性。需要明确所需的表面改性工艺。不同的工艺方法，如涂覆、喷涂、渗碳、镀层等，具有不同的原理和应用领域。通过确定所需的工艺，可以明确装备需要支持的具体工艺要求。需要分析工艺参数。每种表面改性工艺都有其特定的参数要求，如温度、压力、喷涂速度、涂层厚度等。工艺分析需要详细考虑这些参数，以确保装备能够满足工艺的要求，并实现一致的表面改性效果。材料特性也是关键因素。不同材料对表面改性工艺的响应不同，因此需要了解所用材料的性质，如硬度、耐磨性、导热性等。这些特性将影响工艺参数和装备设计。安全性和环保性也是工艺分析的一部分。需要确保所选择的表面改性工艺对环境和操作人员的安全没有不良影响，并遵守相关法规和标准。工艺分析还包括预测和模拟工艺效果。通过使用计算工具和模型，可以预测不同工艺参数下的表面改性效果，以帮助优化装备设计和工艺参数的选择。表面改性工艺分析是装备设计的关键步骤，它有助于确保装备能够满足工艺要求，提高产品质量，并确保工艺的合规性。这对于表面改性工艺的成功应用和产品性能的提升至关重要。

（二）表面改性设备

选择适当类型和规格的表面改性设备对于成功实施表面改性工艺至关重要。这些设备的设计和选择需考虑多个关键因素，以确保能够满足工艺要求和提供所需的表面性能改进。考虑工艺的类型和目的是关键。不同类型的表面改性工艺，如涂覆、喷涂、渗碳和电镀，具有不同的应用和效果。设备的选择必须与所需的工艺类型和目标相匹配。例如，如果需要在金属工件上形成硬度层，可能需要选择渗碳炉或其他热处理设备，而对于表面保护或装饰性喷涂，涂覆机或喷涂设备可能更合适。设备的处理能力和工作效率需要符合生产需求。设备的尺寸、产能和处理速度必须能够满足工艺的规模和生产要求。考虑到生产效率和经济性，设备的选择应综合考虑。温度控制和气氛管理也是关键因素。某些表面改性工艺需要严格的温度和气氛控制，以确保所需的表面性能。因此，设备必须具备精确的温度控制系统和气氛管理能力，以满足工艺要求。

安全性和环保性也是设计和选择的关注点。操作设备可能涉及有害物质或高温操作，因此必须采取适当的安全措施来保护操作人员。同时，设备必须符合环保法规，处理废物和废液，以减少环境负担。设备的维护和可靠性也是重要因素。表面改性设备通常需要长时间运行，因此必须具备耐用的构造，并且易于维护和维修，以降低停机时间和维护成本。选择适当类型和规格的表面改性设备需要全面考虑工艺类型、产能、温度控制、安全性、环保性和维护等多个方面。只有在这些关键因素得到综合考虑的情况下，表面改性设备才能够成功实施工艺，提供所需的表面性能改进，满足生产要求，并确保安全、环保的生产过程。

（三）控制系统与涂层技术

设计控制系统以确保涂层技术和过程的稳定性、一致性是表面改性装备设计中的关键任务。这个控制系统的设计需要考虑多个因素，以实现所需的表面改性效果。控制系统应包括高精度的涂层设备，如涂覆机、喷涂系统或其他适用的设备。这些设备需要能够精确控制涂层的厚度、速度和均匀性，以确保涂层质量的一致性。控制系统需要集成传感器和监测设备，以实时监测涂层过程中的参数。这些参数包括涂层材料的流量、温度、压力、涂层厚度等。通过监测这些参数，控制系统可以及时检测到任何异常情况，并采取措施进行修正，以确保一致性和稳定性。

控制系统还包括先进的自动化和反馈控制功能。这些功能可以根据实时监测的数据来自动调整涂层设备的工作参数，以保持稳定的涂层质量。反馈控制还可以帮助纠正涂层过程中的误差，以确保所需的表面改性效果得以实现。数据记录和分析也是控制系统的一部分。通过记录涂层过程中的数据，可以进行后续的分析和优化。这有助于改进涂层工艺，提高表面改性效果，并确保一致性。安全性和可靠性是控制系统设计的重要考虑因素。涂层过程通常涉及化学物质和高温操作，因此必须确保操作人员的安全，并防止意外事故的发生。设计控制系统是实现所需表面改性效果的关键步骤。这个系统需要集成高精度设备、传感器、自动化和反馈控制功能，以确保涂层技术和过程的稳定性和一致性。这有助于提高产品质量，降低生产成本，并确保工艺的合规性。

三、安全性与环保考虑

在工业设备和工艺设计中，安全性和环保考虑是至关重要的。安全性确保操作人员、设备和环境免受伤害或损害，从而提高工作场所的安全水平。环保考虑有助于减少环境负担，降低资源浪费，推动可持续发展。综合考虑安全性和环保因素有助于减少事故风险，符合法规要求，提高企业的声誉，同时降低成本和提高效率。安全性和环保意识应贯穿设计和运营的整个过程，确保设备和工艺在保护人员和环境方面达到最佳标准。

（一）安全性设计

热处理和表面改性装备的设计必须严格遵守安全标准和法规，以确保操作人员和设备的安全。这包括许多关键方面，其中防护装置和紧急停机系统是其中重要的部分。防护装置在热处理和表面改性装备中是不可或缺的。这些装置旨在保护操作人员免受潜在的危险和伤害。例如，在高温操作中，热处理炉或表面改性设备应该配备热屏障、绝缘材料和防护罩，以防止操作人员接触到高温表面。化学处理设备应具备防漏系统，以防止有害化学物质泄漏。这些防护装置需要严格按照相关标准设计、安装和维护，以确保其有效性。紧急停机系统对于应对突发情况至关重要。这些系统允许操作人员在发生紧急情况时立即停止设备的运行。例如，如果热处理过程中出现了不可控的温度升高或其他异常情况，紧急停机系统可以迅速切断电源或介入制动装置，以防止事故的进一步发展。这些系统的设计需要考虑到可靠性和响应时间，以确保在紧急情况下及时采取行动。操作人员需要接受专业培训，了解设备的操作和应对紧急情况的程序。他们应该知道如何正确使用防护装置和紧急停机系统，并能够快速有效地应对不常见的情况。

设备的维护和定期检查也是确保安全的重要部分。设备制造商和维护人员应定期检查和维护防护装置和紧急停机系统，以确保其正常运行。这包括检查传感器、开关、阀门和其他关键组件的功能性，并进行必要的维修或更换。热处理和表面改性装备的设计和操作必须严格遵守安全标准和法规，以确保操作人员和设备的安全。防护装置、紧急停机系统、培训和维护都是确保安全性的关键要素。这有助于降低事故风险，保护工作人员的健康，同时确保设备的长期可靠性。

（二）废物处理与环保

在设备操作中考虑废物处理和环保问题是至关重要的，以确保设备的运行不会对环境造成不利影响。这需要综合考虑废气、废水和废涂层的处理，以满足环保法规并减少环境负担。废气处理是一个关键方面。在表面改性设备运行过程中，可能会产生有害气体或排放物。因此，必须考虑适当的废气处理系统，以捕捉和处理这些排放物。这包括使用排放控制设备，如烟气净化器，以降低有害物质的排放浓度，确保其在法定标准内。废水处理也是很重要的。在某些工艺中，可能会生成废水，其中包含有害物质或化学物质。设计和选择设备时，必须考虑废水的收集、处理和排放。这可能涉及废水处理设备，如污水处理装置或化学中和系统，以确保废水符合排放标准。

废涂层的处理也不容忽视。在喷涂或涂覆工艺中，可能会产生废弃的涂层或溶剂。这些废弃物必须进行恰当的处理，以防止其对环境造成不利影响。废涂层可能需要回收或安全处置，而溶剂的使用和处理也需要谨慎考虑。综合考虑废气、废水和废涂层的处理是环保方面的关键考虑因素。通过合适的处理和控制措施，设备操作可以降低对环境的不利影响，确保符合法规要求，并促进可持续生产。这有助于保护环境，维护企业的声誉，以及满足社会的环保期望。

四、维护性设计与性能监控

维护性设计与性能监控在工业设备中至关重要。维护性设计考虑到设备的易维护性，包括易于维修和更换零部件，以降低维护成本和减少停机时间。性能监控涉及实时监测设备的运行状态和性能参数，以便及时检测故障和优化性能。这两个方面相辅相成，能够确保设备长期稳定运行，提高生产效率，并降低维护成本。因此，在设计阶段就考虑维护性和性能监控是非常重要的。

（一）维护性设计

装备的设计应当充分注重维护性，以确保设备易于维护和维修，从而降低维护成本，减少停机时间，并延长设备的寿命。易于更换零部件是维护性设计的核心之一。设备应具备模块化结构，允许快速、简单地更换受损或老化的零部件，而无须烦琐地拆卸和重新组装。这可以大大减少维修时间和维修人员的技能要求，降低了维护成本。清洁性是维护性设计的另一个重要方面。设备的设计应考虑到清洁的容易性，以便在日常维护过程中轻松清除灰尘、杂物和化学残留物。清洁性设计可以帮助维护人员保持设备的性能，减少因污染或腐蚀而引起的故障。

润滑点的可访问性也是维护性设计的一部分。设备应该具备易于到达的润滑点，以确保润滑油或润滑脂能够及时添加，从而减少摩擦和磨损，延长设备的使用寿命。维护文档和指南也是维护性设计的一部分。设备应配备清晰的维护手册和操作指南，以便维修人员能够迅速了解维护程序和安全注意事项。这有助于确保维护工作按照标准流程进行，提高了维修的效率和准确性。维护性设计需要与设备的安全性设计相协调。确保在维护过程中操作人员不会受到伤害是非常重要的。因此，设备应具备安全性特征，如锁定装置、安全门、警报系统等，以保护维护人员的安全。维护性设计是确保设备长期稳定运行的关键因素之一。通过考虑易于更换零部件、清洁性、润滑点的可访问性、维护文档和安全性，可以降低维护成本，提高设备的可靠性，确保生产过程的连续性。这有助于提高企业的竞争力和可持续发展。

（二）性能监控与维护计划

建立性能监控系统是确保设备持续高效运行的关键一步。这个系统允许对设备的运行状况进行实时监测和评估，以及定期进行维护和校准，以确保其性能稳定性和可靠性。性能监控系统包括传感器和监测设备，用于实时收集数据，如温度、压力、振动、电流等。这些数据允许操作人员监测设备的运行情况，并提前识别潜在问题。监测系统通常配备了数据采集和处理功能，可以对收集到的数据进行分析和趋势分析。这有助于确定设备的正常运行范围，并在超出这些范围时触发警报。这样的实时反馈使得能相关人员够迅速采取措施，减少故障的风险。维护和校准也是性能监控系统的重要组成部分。定期维护包括清洁、润滑、部件更换和校准等操作，以确保设备在最佳状态下运行。这不仅延长了设备的寿命，还减少了不计划的停机时间。性能监控系统还可以帮助规划和预测维护需求。通过分析历史数据和设备的运行情况，可以制订合理的维护计划，以避免突发故障和提高设备的可靠性。性能监控系统是确保设备持续高效运行的关键工具。通过实时监测、数据分析和定期维护，可以提高设备的性能稳定性，降低停机时间，延长寿命，降低维护成本，从而为生产过程提供更大的可靠性和效率。这对于制造业和工业生产非常重要，有助于提高竞争力和可持续性。

热处理与表面改性装备设计需要综合考虑工艺要求、炉窑和设备选择、控制系统、安全性和环保考虑、维护性设计和性能监控等因素。合理的装备设计有助于实现高质量的热处理和表面改性效果，同时确保操作人员的安全和环境的保护

第二节　磨削与磨粒加工装备设计

磨削与磨粒加工装备设计在制造业中具有重要地位。这类装备用于加工工件表面，提供高精度、高质量的加工效果。设计这些装备时，需要综合考虑多个关键因素。磨削与磨粒加工装备的设计必须考虑加工工件的材料和几何特性。不同材料和形状的工件可能需要不同类型的磨削工具和参数设置。因此，装备必须具备调整性，以适应不同工件的需求。设计师必须考虑磨削过程中的温度控制和润滑液管理。高速磨削可能会产生高温，需要冷却系统来确保工件不受损害。同时，润滑液的选择和管理对于提供良好的磨削质量和工具寿命也至关重要。

自动化系统可以提高生产效率和一致性，并减少对人工操作的依赖。因此，设计师需要考虑自动化控制和监测系统的集成。安全性也是关注点之一。由于磨削过程可能涉及高速旋转工具和粒子，必须采取适当的安全措施来防止事故和保护操作人员。装备的可维护性和耐用性也是重要的考虑因素。磨削与磨粒加工通常是高强度、高磨损的过程，因此装备的部件必须易于更换和维护，以降低停机时间和维护成本。磨削与磨粒加工装备设计需要兼顾工件特性、工艺要求、安全性和自动化程度等多个方面。只有在这些关键因素得到综合考虑的情况下，磨削与磨粒加工装备才能够提供高质量、高效率的加工效果，满足不同工业领域的需求。

磨削与磨粒加工装备设计是制造业中的关键领域，涵盖材料去除、表面精加工和精度加工等过程。

一、磨削与磨粒加工工艺分析

磨削与磨粒加工是一种高精度的加工工艺，通过磨粒的高速旋转和磨削面的相互接触，去除工件表面的材料，以达到精确的尺寸和表面质量要求。这种工艺广泛应用于金属、陶瓷、玻璃等材料的加工中，能够实现高度精密的工件制造，提高产品的质量和性能。磨削与磨粒加工的精度和表面光洁度受到多种因素的影响，包括磨粒的选择、工件材料、磨削参数等。因此，工艺分析和优化对于确保磨削与磨粒加工的成功至关重要。

（一）工艺分析

在设计磨削与磨粒加工装备之前，必须进行仔细的工艺分析，以确保设备能够满足

特定的磨削工艺需求。这个工艺分析的核心是深入了解所需的磨削工艺，其中包括磨削方式和材料去除要求。磨削方式是一个关键的考虑因素。不同的磨削方式适用于不同类型的工件和加工目标。例如，平面磨削适用于平坦表面的精加工，外圆磨削适用于外圆表面的加工，而内孔磨削则适用于内孔的加工。因此，在设计装备时，必须根据具体工艺需求选择适当的磨削方式，并确保设备能够实现所需的磨削操作。材料去除要求也是至关重要的。不同工件材料和加工目标可能需要不同的去除量和表面质量。工艺分析需要考虑到这些要求，包括确定磨削速度、磨粒类型和磨削压力等参数，以确保设备能够精确控制材料的去除，同时保持所需的表面质量。

工艺分析还需要考虑到工件的尺寸、形状和材料硬度等因素，以确定适当的装备尺寸和配置。必须考虑到磨削过程中的热量积累和振动等因素，以确保设备的稳定性和可靠性。工艺分析在磨削与磨粒加工装备设计中扮演着关键角色。只有充分了解特定磨削工艺需求，才能设计出能够高效、精确地满足这些需求的设备。这有助于提高生产效率、降低成本、确保产品质量，从而为制造业提供竞争优势。

（二）磨削材料选择

工艺分析在选择适合的磨削磨粒材料和绑定剂方面发挥着关键作用。这个过程旨在确保磨削操作能够满足所需的精度和表面质量要求，而材料的选择对于达到这些目标至关重要。磨粒材料的选择取决于工件的材料和所需的加工效果。不同类型的磨粒材料，如氧化铝、碳化硅、金刚石等，具有不同的硬度和磨削性能。根据工件的硬度、形状和表面特性，需要选择合适的磨粒材料。例如，对于硬度较高的工件，可能需要使用金刚石磨粒，而对于某些特殊材料，可能需要选择氧化铝或碳化硅。绑定剂的选择对于保持磨粒的稳定性和磨削效率也非常重要。绑定剂用于将磨粒固定在磨轮表面，并起到润滑和冷却的作用。不同类型的绑定剂，如陶瓷、树脂、金属、酚醛等，具有不同的特性。选择适当的绑定剂要考虑磨粒的类型、加工速度、工作温度和要求的表面质量。例如，高速磨削可能需要耐高温的树脂绑定剂，而对于高精度要求，可能需要选择陶瓷绑定剂。根据工艺分析来选择磨削磨粒材料和绑定剂是确保磨削操作成功的关键一步。正确的选择可以提高加工效率，保持加工质量，延长磨轮寿命，并减少生产成本。因此，在磨削工艺的规划和设计阶段，必须仔细考虑工件要求、磨粒特性和绑定剂性能，以满足精度和表面质量的要求。

（三）磨削参数

设计磨削装备时，必须充分考虑磨削参数，因为这些参数直接影响磨削过程的效果和工件的加工质量。磨削速度是一个关键参数，它决定了磨粒与工件表面的相对运动速度。磨削速度的选择应根据工件材料的硬度和磨粒的材质来确定。较硬的材料通常需要更高的磨削速度，而较软的材料则需要较低的速度。磨削速度的正确选择有助于避免过度加热和磨削表面的损伤。进给速度是另一个重要参数，它控制了磨削过程中磨粒与工件之间的相对运动。进给速度的调整可以影响磨削面的质量和精度。较低的进给速度通常用于获得更高的表面质量，而较高的进给速度则可以提高加工效率。因此，在磨削装备的设计中，必须考虑到所需的加工精度和生产率，以确定合适的进给速度。磨削深度是另一个需要仔细考虑的参数。磨削深度决定了每次磨削过程中去除的材料量。较大的磨削深度可以提高加工效率，但可能会导致工件表面的加工粗糙度增加。因此，设计时需要权衡磨削深度与表面质量之间的关系，以满足特定工件的要求。切削速度是一个关键参数，它指的是每个磨粒的旋转速度。切削速度的选择取决于磨粒的尺寸和磨削任务的性质。较高的切削速度可以提高磨削效率，但需要更大的电力输入。因此，在磨削装备的设计中，需要考虑切削速度与功率的平衡。磨削参数的正确选择在磨削装备设计中至关重要。它们决定了磨削过程的效率、精度和质量，直接影响工件的最终加工效果。因此，工程师必须根据特定的加工需求和工件材料来优化这些参数，以确保磨削装备能够达到所需的加工效果。

二、磨削装备设计

磨削装备的设计关键在于高精度和高效率。设备必须能够提供精确的工件表面加工，同时具备高度的稳定性和耐用性。在设计中，需要兼顾工件材料、磨削工具、润滑和冷却系统，以及自动化控制，以确保设备满足工业需求，提高加工质量，降低能耗和维护成本。同时，安全性和环保也是关键考虑因素，需要采取适当的措施来保护操作人员和环境。综合来看，磨削装备设计需要平衡多个因素，以实现高精度、高效率、高安全性和高环保性。

（一）磨削机床选择

根据工艺要求和加工任务，选择适当类型和规格的磨削机床是非常重要的，因为不同类型的磨削机床适用于不同的加工应用。平面磨床适用于平面零件的磨削，如平面、平底孔、槽等。它们通常具有较大的工作台和磨削头，可以实现高精度和高表面质量的平面磨削。选择平面磨床时，需要考虑工件的尺寸、平面度要求及加工精度。圆柱磨床适用于圆柱形零件的磨削，如轴、轴承座、滚子等。它们具有旋转的磨削头，可以在工件周围旋转，实现精确的外圆磨削。选择圆柱磨床时，需要考虑工件的直径、长度、圆度要求以及表面粗糙度等因素。内外圆磨床是一种专用的磨削机床，可用于加工内外圆表面的零件，如滚珠轴承、套筒等。这些机床具有双头设计，可同时进行内外圆磨削，提高加工效率。选择内外圆磨床时，需要考虑工件的尺寸、圆度、同心度和表面粗糙度等要求。还需要考虑磨削机床的规格和性能特点，如最大磨削直径、最大磨削长度、主轴功率、控制系统等。这些规格将直接影响机床的加工能力和精度。选择适当的规格取决于加工任务的复杂性和要求。根据工艺要求和加工任务选择合适的磨削机床是确保磨削过程成功的关键因素。正确的选择可以提高生产效率、确保产品质量，并在加工过程中降低成本。因此，工程师必须仔细考虑这些因素，以满足特定的加工需求。

（二）磨削头和磨轮设计

设计磨削头和磨轮是确保能够满足加工任务要求的关键环节。这涉及对磨削头的角度和磨轮的规格进行仔细考虑，以实现高精度和高效率的磨削操作。磨削头的角度对于工件的加工效果至关重要。磨削头的角度决定了磨削过程中磨粒与工件表面的接触角度，影响磨削的切削效果和表面质量。不同类型的工件和磨削任务可能需要不同的磨削头角度。例如，平面磨削通常需要 90° 的磨削头角度，而圆形磨削可能需要不同的角度。正确的磨削头角度有助于避免工件的形状变形，确保精度和表面质量。磨轮的规格也是重要考虑因素。磨轮的规格包括直径、宽度、磨粒粒度和结构等参数。这些规格必须根据加工任务的要求来选择。较大直径的磨轮通常适用于大面积磨削，而较小直径的磨轮适用于精细磨削。磨粒粒度和结构会影响磨削的表面光洁度和材料去除率，因此必须根据要求进行选择。

还需要考虑磨轮的材料和绑定剂，以确保其与工件材料相兼容，并且具备足够的耐磨性和耐高温性。磨削头和磨轮的安全性和稳定性也是关键因素。必须确保它们的安装和固定是可靠的，以避免意外事故。磨削头和磨轮的平衡和精度也对磨削质量有重要影响。设计磨削头和磨轮需要全面考虑加工任务的要求，包括工件类型、精度要求、表面质量、磨削头角度和磨轮规格等因素。只有在这些因素得到充分考虑的情况下，才能够确保磨削操作能够高效、准确地满足加工任务的要求。

（三）磨削冷却系统

磨削过程中使用冷却液是非常常见的，它有助于降低温度、减少磨损，并提高加工效率和表面质量。在设计冷却系统时，需要考虑多个因素，以确保冷却液的供应和流动是有效和可靠的。冷却系统的设计需要考虑到冷却液的类型和性质。不同的加工任务可能需要不同类型的冷却液，如切削油、切削液或水基冷却液。冷却液的选择应根据工件材料、切削速度和加工要求来确定。冷却液的浓度和温度也需要进行控制和调整，以确保其性能达到最佳状态。冷却系统需要考虑到冷却液的供应和分布。通常，冷却液通过喷嘴或冷却装置喷洒在刀具和工件的切削区域。设计时需要确保冷却液均匀分布，以避免过热和磨损集中在特定区域。还需要考虑冷却液的流速和流量，以确保足够的润滑和冷却效果。冷却系统的维护和清洁也是关键考虑因素。定期检查和维护冷却系统可以确保喷嘴和管道不堵塞，冷却液不污染，从而保持系统的稳定性和可靠性。废弃的冷却液需要进行适当的处理和回收，以符合环保要求。安全性设计也是冷却系统设计的重要部分。必须确保冷却液的供应和流动不会对操作人员造成危险，包括防护措施和紧急停机系统的设计。防止冷却液泄漏和污染环境也是一个重要的环保考虑因素。设计冷却系统是磨削装备设计中的重要环节，它直接关系到加工效率、工件质量和操作安全。综合考虑冷却液的类型、供应、分布、维护和安全性，可以确保磨削过程顺利进行，同时最大限度地延长设备的使用寿命。

三、性能监控与维护计划

性能监控与维护计划是确保工艺装备持续高效运行的关键要素。通过实时监测设备性能和定期维护，可以预防潜在故障，降低维修成本，并延长设备寿命。性能监控涵盖参数的监测和分析，以检测异常和趋势，而维护计划包括定期检查、清洁、润滑和零部件更换等措施，以确保设备在最佳状态下运行。这些措施有助于提高生产效率，减少停机时间，确保产品质量，从而实现可持续的生产和经济效益。

（一）性能监控系统

建立性能监控系统对于确保磨削装备的正常运行和生产质量至关重要。这个系统可以监测多个关键方面，以确保磨削装备达到预期的性能水平，并及时发现并解决问题。性能监控系统应包括传感器和监测设备，用于实时监测磨削装备的各项性能参数。例如，可以使用精密传感器来测量工件的尺寸、表面质量和形状，以确保磨削精度。还可以监测主轴的转速、负载和温度，以及冷却液的流量和温度等参数。这些数据可以通过自动化系统进行收集和记录，以便进行分析和报告。

性能监控系统应具备报警和故障检测功能。当监测到异常情况或性能下降时，系统应能够发出警报并记录相关信息。例如，如果磨削过程中出现异常振动或温度升高，系统可以自动停机并通知操作人员。这有助于及时采取措施，防止设备受损或产品质量下降。性能监控系统还应具备数据分析和报告功能。监测到的性能数据可以进行分析，以识别潜在问题和发现改进机会。定期生成性能报告，包括磨削精度、表面质量和加工效率等指标的趋势分析，有助于管理层做出决策，优化生产过程。性能监控系统需要与维护计划和预防性维护系统集成。通过分析性能数据，可以预测设备的维护需求，如更换磨削轮、润滑部件或调整参数。这有助于减少计划外停机时间，提高设备的可用性和生产效率。

性能监控系统是磨削装备设计中的关键组成部分，它可以提高设备的可靠性、生产质量和效率。通过实时监测、警报和数据分析，可以确保设备运行在最佳状态下，同时降低维护成本和生产风险。因此，工程师必须充分考虑性能监控系统的设计和集成，以满足特定的加工需求和质量标准。

（二）维护计划

制订维护计划是确保磨削装备持续高效运行的关键步骤。这个计划包括定期维护、校准和保养活动，旨在减少故障和停机时间，提高设备的可靠性和生产效率。维护计划应明确维护任务和频率。不同的磨削装备可能需要不同类型和频率的维护。例如，定期更换磨削轮、润滑部件、检查电气系统和控制系统等任务都应包括在计划中。维护任务的频率可以根据设备的使用情况和生产需求进行调整，但应保持一定的规律。维护计划还应考虑维护人员的培训和技能要求。确保维护人员具备足够的知识和技能，能够执行维护任务，并安全操作设备。培训计划可以包括定期的技能培训和安全培训，以确保维护人员始终保持最新的技术和安全意识。维护计划应包括校准和调整活动。磨削装备的精度和性能通常需要定期地校准和调整，以确保其满足工艺要求和质量标准。这包括检查和调整磨削头、主轴、控制系统和冷却系统等关键部件。维护计划还应考虑备件和耗材的管理。确保有足够的备件和耗材库存，以应对突发故障和维护需要。这可以减少停机时间，并提高维护的响应速度。维护计划应定期评估和改进。随着设备的使用和技术的发展，维护计划可能需要进行调整和改进。定期的绩效评估和反馈很重要，以确保计划的有效性，并采取适当的措施进行改进。维护计划是确保磨削装备持续高效运行的关键因素。通过合理的计划和管理，可以降低故障风险、延长设备寿命，并提高生产效率和产品质量。因此，工程师必须认真考虑并执行维护计划，以确保设备的可靠性和性能。磨削与磨粒加工装备设计需要综合考虑工艺要求、材料选择、磨削参数、磨削机床选择、磨削头和磨轮设计、磨削冷却系统、性能监控与维护计划等因素。合理的装备设计有助于实现高精度的磨削和磨粒加工，同时确保设备的可维护性和高效性，从而提高制造业的竞争力和生产效率。

第三节　化学处理与表面涂层装备设计

化学处理与表面涂层装备设计在材料处理和制造领域中具有关键意义。这些装备的设计需要综合考虑化学反应过程、材料性质和工艺要求，以确保有效的表面涂层和化学处理效果。化学处理装备的设计是关键。化学处理是一种通过在特定溶液中浸泡材料，以改变其表面性质的过程。化学处理装备通常包括反应槽、循环系统、控制系统等组件。装备的设计需要考虑到溶液的成分、温度、pH 值等参数，以确保能够实现所需的化学反应。装备的材料选择也需要考虑到溶液的腐蚀性，以确保装备的耐久性和安全性。表面涂层装备的设计同样重要。表面涂层是一种通过涂覆特定材料在材料表面，以提高其耐腐蚀、耐磨损、导电性等性能的过程。表面涂层装备通常包括涂覆设备、喷涂枪、涂层材料的供给系统等。装备的设计需要考虑到涂层材料的性质、喷涂方法、温度控制等因素，以确保能够实现一致的涂层效果。装备的设计需要与具体的化学处理和表面涂层工艺相匹配。不同的工艺要求可能需要不同类型的装备和控制系统。因此，装备设计师需要了解不同工艺的要求，并根据其特点来进行设计。例如，酸洗、电镀、热浸镀等化学处理工艺需要不同类型的反应槽和控制系统，而喷涂、浸渍、涂覆等表面涂层工艺需要不同类型的喷涂设备和涂层供给系统。装备的设计还需要考虑到可维护性和可持续性。装备在长期运行中可能需要定期维护和保养，因此设计应考虑到易于维护的特点，以降低维护成本和减少停机时间。装备的能源效率和环保性也是现代制造业中越来越重要的考虑因素，因此设计应尽量减少能源消耗和排放。化学处理与表面涂层装备的设计是一个复杂而关键的工程任务。它需要材料科学、化学工程和机械设计的综合知识，以确保装备能够满足特定工艺要求，并提高生产效率和产品质量。这对于现代制造业的竞争力和可持续发展具有重要意义。化学处理与表面涂层装备设计是制造业中的关键领域，涵盖了材料的表面处理和改性过程。

一、化学处理装备设计

化学处理装备的设计涉及多个关键方面，包括材料的选择、反应室的设计、温度和压力控制、搅拌和混合系统，以及安全性考虑。这些方面需要综合考虑，以确保装备能够有效地执行特定的化学处理过程，保证反应的准确性和稳定性，并满足相关的安全标准和法规。设计过程需要精确的工程计算和材料科学知识，以保证装备的性能和可靠性，同时最大限度地降低操作风险和环境影响。

（一）化学处理工艺分析

在设计化学处理装备之前，需要进行工艺分析，了解所需的化学处理工艺，包括酸洗、镀金、镀铬、腐蚀防护等过程。

（二）化学品供应与储存

设计化学处理装备时，需要考虑化学品的供应、储存和输送系统，确保化学品能够按需供应，并满足工艺要求。

（三）控制系统

化学处理装备需要配备适当的控制系统，以确保化学处理参数的准确控制和监测，以满足工艺规范。

二、表面涂层装备设计

表面涂层装备设计需要综合考虑多个因素，以确保有效的涂层过程。这包括喷涂头的布置和精确度，涂层材料的供应和混合，以及涂层厚度的控制和均匀性。涂层设备的设计必须满足工件的尺寸和形状要求，并考虑到安全性和环保性。维护性也是关键，以确保设备的可靠性和稳定性。总之，表面涂层装备设计需要在精度、效率、可靠性和安全性之间取得平衡，以满足不同工业领域的表面涂层需求。

（一）表面涂层工艺分析

在设计表面涂层装备之前，需要进行工艺分析，了解所需的表面涂层工艺，如喷涂、涂刷、浸渍、热浸镀等。

（二）涂层设备选择

选择适当类型和规格的涂层设备，如喷涂机、涂刷机、浸渍槽和热浸镀设备，以满足表面涂层工艺要求。

（三）涂层材料与涂层技术

设计涂层装备时，需要考虑涂层材料的选择和涂层技术的应用，确保实现所需的表面涂层效果。

（四）涂层质量控制

建立质量控制系统，监测涂层的粗糙度、附着力、光泽和厚度，并进行自动调整以保持一致的涂层质量。

综合考虑工艺要求、化学品供应与储存、控制系统、表面涂层工艺分析、涂层设备选择、涂层材料与涂层技术、涂层质量控制等因素是确保化学处理与表面涂层装备设计成功的关键。这个综合性的考虑过程确保了装备能够有效地执行化学处理和表面涂层工艺，同时应满足质量、效率和安全性方面的要求。工艺要求的分析至关重要。了解所需的化学处理和涂层工艺，包括反应条件、涂层类型、厚度要求和表面处理规范，是设计装备的基础。这确保了装备的设计能够满足特定工艺的要求，提供一致性和可控性的生产。化学品供应与储存必须得到妥善考虑。装备设计需要确保化学品的供应、储存和分配是安全可靠的，以防止意外事故和环境污染。合理的储存系统和化学品供应管道的设计是至关重要的。控制系统在化学处理与表面涂层装备中扮演着关键角色。它们需要确保工艺参数（如温度、压力、pH 值等）的精确控制，以实现一致性和质量稳定性。控制系统的设计和集成应符合最新的自动化和监控技术，以提高生产效率。涂层设备的选择需要根据工艺要求和产能需求进行精确地匹配。不同的涂层类型可能需要不同类型的设备，如喷涂、浸渍、电镀等。正确选择设备可以最大限度地提高生产效率。涂层材料与涂层技术的选择是确保涂层质量和性能的关键。合适的材料选择和涂层技术应考虑工件材料、使用环境和预期性能等因素。涂层质量控制是确保最终产品符合规格的重要步骤。设计中应包括适当的检测和测试系统，以监测和验证涂层质量，并及时调整工艺参数以满足质量要求。综合考虑这些因素有助于确保化学处理与表面涂层装备的设计是成功的。这不仅有助于提高制造业的竞争力和产品质量，还确保了设备的稳定性和可维护性，从而实现了高质量的表面处理和涂层。

第四节　材料再循环与回收装备设计

材料再循环与回收装备的设计在当前的可持续发展背景下具有重要意义。这些装备的目标是将废弃材料重新处理和利用，以减少资源浪费、降低环境影响，并推动循环经济的实现。设计师必须根据回收的材料类型和特性来选择合适的处理技术和设备。不同的材料，如金属、塑料、玻璃等，可能需要不同的回收方法，如熔化、粉碎、洗涤或化学处理。因此，装备必须具备多功能性和适应性，以满足不同材料的处理需求。回收装备的设计必须考虑材料的来源和采集方式。废弃材料可能来自多个渠道，如废品收集点、工业废料、废弃电子产品等。因此，设计必须考虑材料的收集、分类和运输方式，以确保有效的供应链。安全性和环保性也是关键因素。回收过程中可能涉及有害物质的处理，因此必须采取适当的安全措施，以防止事故和环境污染。设计师还需要考虑能源效率和废弃物处理，以最小化环境负荷。自动化和智能化是提高效率的关键。自动化系统可以加速材料的分类和处理，减少人工干预。智能控制和数据分析有助于监测装备的性能，提高运行效率，并支持决策制定。装备的可维护性和耐用性也是重要的。回收装备通常需要长时间运行，因此必须具备耐用的构造，并且易于维护和维修，以减少停机时间和维护成本。材料再循环与回收装备的设计需要综合考虑材料特性、供应链、安全性、环保性、自动化和维护等多个方面。只有在这些关键因素得到综合考虑的情况下，回收装备才能够有效地推动材料的再循环和回收，为可持续发展和资源保护作出贡献。材料再循环与回收装备设计是环保和可持续发展领域的关键议题，涵盖了废弃物的处理和资源回收过程。

一、废弃物收集与分选设备设计

废弃物收集与分选设备的设计需要考虑废弃物的多样性和复杂性。这包括不同类型的废弃物，如可回收物、有害废物和生活垃圾，以及各种尺寸和形状的物品。设计需要提供高效的分选和分类系统，以最大限度地减少废弃物的处理和填埋，并促进可回收物的回收和再利用。设备的设计还必须考虑环境和安全标准，确保废弃物的处理不会对生态环境造成负面影响，并保障操作人员的安全。

（一）废弃物分类

在设计废弃物收集与分选设备时，首要考虑的是废弃物的多样性和分类方法。废弃物种类繁多，包括可回收物、有害废物、有机废物等，每种废弃物都需要不同的处理方式，以减少对环境的负面影响并实现资源的最大化利用。设计中需要综合考虑废弃物的分类方法，确保设备能够有效地将废弃物分类分开。这可能涉及到物理分选、化学处理、机械分离等多种技术。例如，对于可回收物，可以设计自动分拣系统，利用传感器和机械臂将不同类型的废物分开。而对于有害废物，可能需要特殊的处理设备，如化学处理装置或贮存容器。还需要考虑废弃物的来源和处理需求。不同行业和场所产生的废弃物可能有不同的特点，因此设备设计需要根据具体情况进行定制。例如，医疗废物的处理需求与家庭废弃物大不相同，因此设备设计需要考虑到这些差异。废弃物收集与分选设备的设计需要综合考虑废弃物的种类和分类方法，以确保废弃物能够得到有效的处理和回收，同时最大限度地降低对环境的影响。这需要在设计过程中充分了解废弃物的性质和处理需求，并选择合适的技术和设备来实现分类和处理的目标。

（二）收集系统

设计废弃物收集设备，如垃圾桶、回收箱和垃圾袋时，需要考虑用户的便利性和废弃物分类的有效性。这种设计应当着眼于用户友好性，鼓励用户积极参与废弃物分类和回收过程。废弃物收集设备应具备明显的标识和颜色区分，以便用户快速辨识不同类型的废弃物投放位置。颜色编码和清晰的图示可帮助用户正确地将废弃物分开。设备的设计应便于清洁和维护。易于打开、清空和清洗的垃圾桶和回收箱可以缓解用户的不便，并促使他们更积极地参与分类工作。垃圾袋的设计也应注重易用性。考虑到不同废弃物的特性，垃圾袋可以具备不同的特点，如防漏设计、可重复使用材料或环保材质选择。教育和宣传也是重要的一环。设备上可以提供相关的废弃物分类指南和信息，以帮助用户更好地理解分类的重要性，并促使他们积极投入到废弃物管理中。设计废弃物收集设备需要考虑用户的需求和习惯，以便他们能够方便地分开废弃物，从而促进废弃物分类和回收的成功实施。这有助于减少废弃物对环境的不良影响，促进可持续的废弃物管理实践。

（三）分选设备

在废弃物收集与分选设备的设计中，考虑使用自动或半自动的分选设备是一项关键策略，可以显著提高回收效率和资源利用率。这些分选设备包括振动筛、磁性分选机、气流分选机等，它们在废弃物分类和分离过程中发挥着重要作用。振动筛是一种常用于物料分级和分离的设备。它通过振动运动将废弃物进行筛分，根据物料的大小和形状进行分类。这种设备特别适用于分离可回收物中的不同颗粒大小的废物，例如废纸、废塑料和废金属。磁性分选机可以用于分离具有磁性的物质，如铁、钢和其他金属。通过在设备中施加磁场，可以吸引和分离出这些磁性材料，从而方便后续的回收和处理。

气流分选机则利用气流的作用，将轻重不同的废弃物分离开来。这种设备广泛应用于废弃物中的有机废物和非有机废物的分离，如在生活垃圾处理中将有机废物分离出来，以进行堆肥处理。这些自动或半自动的分选设备不仅提高了废弃物的回收效率，还减少了人工干预的需要，降低了人力成本和错误率。它们能够快速而精确地进行分选，从而提高了处理速度和生产效率。考虑使用自动或半自动的分选设备是废弃物收集与分选设备设计的重要方面，可以在废弃物处理过程中实现更高的回收率，减少资源浪费，同时提高了处理效率和质量。这些设备的选择和整合需要根据具体废弃物的性质和处理需求进行精心规划和设计。

二、废弃物处理与再循环设备设计

废弃物处理与再循环设备的设计关键在于有效地管理和利用废弃物资源。这要求设备能够高效地分离、处理和再循环不同类型的废弃物，包括固体、液体和气体。设计需考虑处理容量、废弃物分类、设备耐用性和安全性，以满足环保法规和可持续发展目标。同时，设备应具备易维护性，以确保连续运行和减少停机时间。这有助于减少废弃物对环境的不利影响，减少资源浪费，促进循环经济和环保意识的发展。

（一）处理工艺分析

在设计废弃物处理与再循环设备之前，废弃物处理工艺分析是至关重要的一步。这个过程旨在深入了解废弃物的性质和处理需求，以确保选择和设计合适的设备和工艺步骤。废弃物处理工艺分析需要考察废弃物的种类和来源。不同类型的废弃物可能需要不同的处理方法。例如，可回收废弃物可能需要被清洗和分类，以便进一步回收利用。有机废弃物可能需要被分解和厌氧处理，以减少对环境的污染。了解废弃物的来源也有助于确定处理设备的规模和容量。分析需要考虑废弃物的物理性质。这包括废弃物的尺寸、形状、密度和湿度等因素。不同的废弃物特性可能需要不同类型的设备来进行处理。例如，废纸可能需要被粉碎和压缩，而废塑料可能需要被熔化和重塑。

还需要考虑废弃物的化学性质，特别是有害废物。了解废弃物中的有害物质和浓度水平对于确定适当的处理方法至关重要。有害废物可能需要特殊的处理设备和技术，以确保安全处理和处置。废弃物处理工艺分析还需要考虑处理后的废物去向。这包括确定废物是否可以被再循环、回收、处置或转化成能源。这个环节需要综合考虑环境法规和可持续性原则，以确保废弃物处理的最终目标与环保和资源利用的要求相符。废弃物处理工艺分析是设计废弃物处理与再循环设备的基础，它有助于确保设备的选择和设计与废弃物的性质和处理需求相匹配。这个过程需要深入细致地研究和数据收集，以保证废弃物的高效处理和资源再利用，同时满足环保和法规要求。

（二）处理设备选择

选择适当类型和规格的废弃物处理设备是确保废弃物处理工艺高效运行的关键。这要求综合考虑废弃物的性质和处理目标，以满足废弃物处理工艺的要求。废弃物处理设备的选择应取决于废弃物的类型。不同类型的废弃物，如固体废弃物、液体废弃物、有害废弃物等，可能需要不同类型的设备。例如，固体废弃物可能需要废弃物压缩机来减少体积，而有害废弃物可能需要特殊的处理设备来处理危险成分。设备的规格和容量应根据废弃物处理工艺的需求来选择。处理废弃物的数量、处理速度和所需的处理效率都将影响设备的规格。例如，大规模废弃物处理工厂可能需要高产能的废弃物处理设备，而小规模处理工艺可以使用小型设备。设备的设计也需要考虑废弃物的最终处理目标。废弃物处理可以包括压缩、粉碎、洗涤、干燥等多个阶段，因此需要不同类型的设备来完成这些任务。设备的设计应能够有效地实现所需的废弃物处理步骤，并确保废弃物在整个过程中得到合适的处理和转化。环保和安全性也是选择废弃物处理设备时的重要考虑因素。设备必须符合环保法规，能够处理废弃物产生的污染物，并确保废弃物处理过程不对环境造成不良影响。设备的操作和维护应符合安全标准，以确保操作人员的安全。选择适当类型和规格的废弃物处理设备需要全面考虑废弃物的性质、处理工艺要求、容量和安全性等因素。只有在这些因素得到综合考虑的情况下，才能够确保废弃物处理工艺的高效和可持续运行。这有助于降低废弃物对环境的不良影响，促进资源的有效利用。

（三）再循环工艺与设备

设计再循环工艺和设备是一项关键任务，旨在实现可回收材料的高效分离、处理。这包括机械分选、气流分选、磁性分选、物理化学处理等不同的方法，根据可回收材料的类型和性质进行选择。例如，金属可以通过磁性分选机来分离，而塑料可以通过气流分选机进行分选。

在分离后，可回收材料需要准备再循环，从而减少资源浪费和减轻环境负担。再循环工艺的设计需要从废弃物的源头开始，确保在废弃物生成时就进行有效的分类和分离。这可能涉及到在家庭、工业或商业环境中设置合适的回收容器和标识，以鼓励人们正确分类废弃物。同时，也需要教育和宣传工作，提高大众对再循环的意识。设计再循环工艺和设备需要选择适当的分离和处理技术进行预处理，以去除污染物和杂质。这可能包括清洗、粉碎、熔化、压缩等步骤，以准备材料再循环使用。例如，废塑料需要被洗净、熔化成颗粒状，并通过挤出机重新制成塑料制品。设计再循环工艺和设备还需要考虑资源利用的效率。这包括最小化能源消耗、减少废物产生和提高可回收材料的质量。可以采用先进的控制系统和监测技术，以确保再循环过程的高效运行。再循环工艺和设备的设计需要符合环保法规和可持续性原则。这包括废物处置的合规性、再循环材料的质量标准和再循环产品的市场需求。同时，还需要考虑再循环设备的维护和管理，以确保其长期可靠运行。设计再循环工艺和设备是一项多方面考虑的任务，涵盖废弃物源头管理、分离技术选择、预处理过程、资源利用效率和环保合规性等方面。通过综合考虑这些因素，可以实现可回收材料的高效再循环，减少资源浪费，减轻环境负担，促进可持续发展。

第六章　CAD/CAM 与数字化制造技术

第一节　CAD/CAM 系统的应用

CAD/CAM（计算机辅助设计 / 计算机辅助制造）系统的应用在现代制造业中具有重要地位和广泛的应用。这一系统集成了计算机技术、数学建模、工程知识和自动化控制，为制造业带来了许多显著的优势。CAD/CAM 系统在产品设计阶段发挥了重要作用。它使设计师能够通过计算机软件进行三维建模和虚拟原型设计，从而提高了设计的准确性和效率。设计师可以在计算机上模拟产品的外观和性能，以及不同设计选择的影响，从而降低了设计错误和原型制作成本。CAD 系统还支持设计数据的存档和共享，促进了团队合作和版本控制。CAD/CAM 系统在制造过程中的工艺规划和生产中也起到了关键作用。CAM 系统能够将设计文件转化为机器可识别的指令，以控制数控机床和自动化生产设备。这样，制造过程的自动化和数字化限度得以提高，生产效率大幅提升。CAM 系统还可以进行切削路径优化，以最大程度地减少原材料浪费和加工时间。CAD/CAM 系统支持工程数据管理。它可以管理设计文件、材料规格、工艺参数、机器设置和产品配置等大量数据，确保数据的一致性和准确性。这对于复杂的制造项目和产品变种的管理至关重要。CAD/CAM 系统还能够生成报告和文档，用于质量控制、工程审批和监督。CAD/CAM 系统在质量控制和检测方面也发挥了作用。它可以生成产品的数学模型，用于比对实际制造品与设计规格的符合程度。同时，CAM 系统支持自动化检测设备的编程和控制，以提高质检的速度和准确性。CAD/CAM 系统在可持续制造和定制制造方面也具备潜力。它可以帮助制造商优化工艺，减少资源浪费，降低环境影响。CAD/CAM 系统能够轻松实现定制化生产，满足个性化需求，为市场提供更多选择。CAD/CAM 系统在现代制造业中扮演着关键的角色，从产品设计到生产制造再到质量控制，都对提高效率、减少成本、提高质量和促进创新发挥了重要作用。它的广泛应用有助于推动制造业的数字化转型和可持续发展。

CAD/CAM 系统是现代制造业中的关键技术，它将计算机技术与设计和制造过程相结合，提高了产品设计的效率和制造的精度。

一、CAD 系统的应用

CAD（计算机辅助设计）系统是一种强大的工具，广泛应用于工程设计和制造领域。CAD 系统允许工程师和设计师使用计算机软件来创建、编辑和分析三维模型和二维图纸。它的应用涵盖了产品设计、建筑设计、电子电气设计等多个领域。CAD 系统提供了准确性、可视性和协作性，帮助设计人员更好地理解和改进设计，缩短设计周期，降低成本，并提高产品质量。它已成为现代设计和工程的不可或缺的工具，推动了创新和效率的提升。

（一）产品设计与模型建立

CAD 系统在产品设计方面的应用是非常广泛的，它为工程师提供了强大的工具来实现创新和精确地设计。通过 CAD 软件，工程师能够创建高度精确的三维模型，这些模型可以用来可视化产品的外观和结构，同时也可以进行详细的工程分析，如强度分析、流体动力学模拟等。CAD 系统还允许工程师轻松地进行设计修改和优化，而无需重新制作物理原型。这可以大大缩短产品开发周期，并降低开发成本。CAD 软件还支持设计数据的数字化存储和管理，使得设计团队能够方便地共享和协作，无论他们身处何地。CAD 系统的应用在产品设计中提供了更高的效率、更高的精度和更大的创新空间，是现代制造业不可或缺的一部分。

（二）设计优化

CAD 系统的强大功能之一是允许工程师进行设计优化。通过模拟和分析不同设计方案，工程师可以在数字环境中探索各种可能性，以选择最佳的设计方案，满足性能、成本和制造要求。CAD 系统允许工程师创建精确的 3D 模型，这些模型可以用于进行各种仿真和分析。例如，工程师可以使用有限元分析来评估结构的强度和稳定性，使用流体动力学分析来优化流体流动，或使用热分析来了解温度分布。这些分析结果提供了深入了解设计方案的性能，帮助工程师识别潜在的问题和改进点。CAD 系统还支持参数化设计，使工程师能够轻松地调整设计参数，快速生成多个设计方案。通过在数字环境中修改参数，工程师可以快速比较不同设计的性能和成本，找到最优解决方案。这种迭代的设计过程可以大幅节省时间和资源，同时提高设计的准确性和可靠性。CAD 系统还可以与其他工程工具集成，如 CAM 系统、PLM 系统等，实现全面的数字化设计和制造流程。这种集成性使得工程师能够更加高效地将设计转化为实际产品，从而降低了开发周期和成本。CAD 系统的应用不仅简化了设计过程，还为工程师提供了强大的优化工具，帮助他们选择最佳的设计方案，满足多样化的性能、成本和制造需求。这种数字化设计方法推动了创新，提高了产品质量，并加速了产品上市的速度。

（三）图纸生成

CAD 系统的一项重要功能是能够自动生成工程图纸和技术文档，这对于现代工程和设计过程至关重要。传统的手工绘图需要大量的时间和精力，容易出现错误，而 CAD 系统的自动化功能可以显著提高效率和准确性。通过 CAD 系统，工程师可以将三维模型转化为二维工程图纸，同时确保比例、标注和尺寸的准确性。这不仅节省了大量的绘图时间，还减少了人为因素可能导致的错误。CAD 系统还支持技术文档的自动生成，包括零部件清单、材料清单和装配说明等，这有助于确保设计的一致性和可追溯性。CAD 系统的自动生成工程图纸和技术文档的功能不仅提高了设计效率，还提高了设计的质量和准确性，为工程师和设计团队提供了强大的工具。

二、CAM 系统的应用

CAM 系统，也就是计算机辅助制造系统，在现代制造领域中发挥着关键作用。它是一种集成的软件工具，用于将 CAD 模型转化为可执行的机器控制代码，用于数控机床和自动化生产设备。CAM 系统的应用极大地提高了制造过程的效率和精度。它能够生成复杂零件的刀具路径，优化切削策略，减少加工时间，降低生产成本。CAM 系统还提供了实时仿真和碰撞检测，有助于避免错误和损坏机器。CAM 系统还支持多轴控制、自动换刀和刀具管理等功能，提供了更高级别的自动化和灵活性。总之，CAM 系统的应用对现代制造业来说至关重要，有助于提高生产效率，减少废品率，并满足高质量和定制化生产的需求。

（一）数控编程

CAM（计算机辅助制造）系统在现代制造业中扮演着关键角色，它将 CAD 设计与数控（CNC）机床的实际加工过程无缝连接起来。CAM 系统的主要任务是将 CAD 模型转化为可加工的数字控制代码，这些代码包括了机床的移动指令、切削速度、进给速度等参数，以实现自动化的零件加工。CAM 系统的应用在制造业中具有巨大的优势。它消除了手工编程的需求，大大缩短了零件加工的准备时间。CAM 系统可以优化切削路径，提高切削效率，减少材料浪费，并降低工具磨损率。CAM 系统还支持多轴和多任务机床的编程，实现复杂零件的高精度加工。CAM 系统的应用使得数控机床的操作变得更加智能化和高效化，提高了制造业的生产能力和产品质量。它在现代制造过程中不可或缺，为工程师和制造商提供了强大的工具，以满足不断变化的市场需求。

（二）刀具路径规划

CAM 系统的一项关键功能是生成刀具路径，这对于现代制造业的高效生产至关重要。CAM 系统通过精确计算切削顺序、切削深度和进给速度，最大限度地提高了制造效率和产品质量。CAM 系统能够根据设计要求和材料特性，确定最佳的切削策略。它考虑了切削工具的类型和尺寸，以及加工材料的硬度和强度等因素。通过优化切削路径，CAM 系统可以最小化切削时间，减少材料浪费，降低生产成本。CAM 系统还能够确保切削的精度和一致性。它通过考虑切削工具的轨迹，避免了过多的切削重叠或剩余材料，从而提高了产品的表面质量和尺寸精度。CAM 系统还可以考虑切削过程中的冷却和润滑，以确保切削工具的寿命和性能。CAM 系统还可以生成多轴控制的刀具路径，以适应复杂零件的加工需求。这种多轴控制可以实现更复杂的切削操作，如倾斜切割和轮廓加工，提高了加工的灵活性和精度。CAM 系统可以与数控机床和自动化设备集成，实现实际制造过程的自动化和监控。这种集成提高了生产线的自动化程度，减少了操作人员的干预，降低了操作错误的风险，提高了生产效率和产品质量。CAM 系统的应用不仅提高了制造效率，还确保了产品的高质量制造。它通过精确计算刀具路径和切削参数，最大限度地优化了制造过程，有助于制造业降低成本、提高竞争力。

（三）零件加工模拟

CAM 系统的另一个重要功能是零件加工模拟，这对于确保加工过程的安全性和可靠性至关重要。在 CAM 系统中，工程师可以通过模拟功能来检查加工过程中是否存在潜在的碰撞、错误或冲突情况，以避免机床和工件的损坏。通过零件加工模拟，工程师可以在实际加工之前对加工过程进行虚拟测试，以确保所有的切削路径和工具路径都是安全的。如果在模拟过程中发现问题，工程师可以及时进行调整和优化，以减少风险并提高加工质量。CAM 系统还可以生成可视化的模拟结果，使操作人员能够清晰地了解加工过程中的情况，进一步提高操作的可视化程度和控制性。这有助于降低操作人员的技能要求，并减少操作错误的可能性。CAM 系统的零件加工模拟功能是确保加工过程安全和高效的关键工具，它有助于避免不必要的损坏和生产停机，提高制造过程的可靠性和效率。

三、集成与协作

CAD 系统的集成与协作对于现代工程和设计过程至关重要。它允许不同领域的设计师和工程师共同协作，将各自的设计和模型集成到一个统一的数字环境中。这种集成性质使得设计团队能够实时共享信息、协调工作、解决问题，并确保设计的一致性。CAD 系统的协作功能还支持多个用户同时编辑和查看设计，促进了团队协同和效率提升。总之，CAD 系统的集成与协作有助于加速创新、降低错误率，并推动跨部门和跨地理位置的协同工作。

（一）数据交换与协作

CAD/CAM 系统的能力不仅仅局限于单一的功能，它还在数据交换和协作方面发挥了关键作用。CAD/CAM 系统支持多种文件格式和标准，使不同软件之间的数据交换变得无缝和高效，这对于工程师、设计师和制造人员之间的紧密协作至关重要。CAD/CAM 系统允许工程师将 CAD 设计数据传递给 CAM 系统，将设计转化为可加工的数字控制代码。这种平稳的数据流转化保证了设计与制造之间的一致性和准确性。CAD/CAM 系统还支持工程师和制造人员之间的实时协作。通过共享设计和加工数据，团队成员可以在同一平台上协作，共同解决问题、进行设计更改以及优化加工过程。这种协作性质提高了生产流程的协调性和响应速度，有助于提前发现并解决潜在问题。CAD/CAM 系统的数据交换和协作功能还有助于确保产品的生产符合质量标准和规范。制造人员可以直接访问设计数据，确保产品在制造过程中保持一致性和准确性。CAD/CAM 系统的数据交换和协作功能在现代制造环境中发挥着重要作用，它们促进了工程师、设计师和制造人员之间的紧密协作，提高了生产流程的协调性和效率，从而有助于更好地满足市场需求和质量标准。

（二）制造流程优化

CAD/CAM 系统是现代制造领域的关键工具，它们实现了从设计到制造的全面数字化管理和优化，极大地提高了生产效率和产品质量。CAD/CAM 系统允许工程师在数字环境中进行设计和制造的无缝集成。设计者可以创建精确的 3D 模型，并使用 CAM 工具将其转化为机器可执行的代码，从而消除传统手工转化过程中可能出现的误差。这种数字化设计和制造流程减少了人为干预，提高了设计到制造的一致性和准确性。CAD/CAM 系统支持参数化设计，使工程师能够轻松地调整设计参数，快速生成不同版本的产品或零件。这种灵活性有助于满足客户特定的需求，并快速响应市场变化。CAD/CAM 系统还提供了实时仿真和碰撞检测功能，使制造过程更可靠。工程师可以在数字环境中模拟整个生产过程，识别潜在的问题和瓶颈，并进行优化，从而减少生产中的错误和废品率。CAD/CAM 系统的数字化管理还包括生产计划、库存管理和质量控制等方面。这有助于实现精益制造和供应链的优化，减少生产成本和周期。CAD/CAM 系统的应用使制造流程数字化、集成化和优化，提高了生产效率、产品质量和客户满意度。这种数字化转型为制造业带来了竞争优势，加速了产品上市速度，并为可持续发展提供了支持。

（三）物料管理与库存控制

CAD/CAM 系统的功能不仅限于设计和制造过程的协调，它还在物料管理和库存控制方面提供了重要支持。这对企业来说尤为重要，因为有效的物料管理和库存控制可以降低成本、提高效率，并确保生产过程的顺畅运行。CAD/CAM 系统可以与企业的物料管理系统集成，使企业能够实时跟踪和管理所需的原材料和零部件。通过实时数据交换，企业可以确保所需的物料始终处于适当的供应状态，避免因物料短缺或过剩而引发的问题。CAD/CAM 系统可以协助制订合理的物料采购计划和生产排程。通过分析设计和加工数据，系统可以帮助企业预测物料需求，确保所需的物料按时到达，避免不必要的库存成本和生产停滞。CAD/CAM 系统还支持库存控制，帮助企业监测和管理库存水平。它可以提供库存数据的实时可视化，帮助企业识别和处理过时、闲置或浪费的物料，从而降低库存成本和资源浪费。CAD/CAM 系统在物料管理和库存控制方面提供了重要的工具和支持，帮助企业实现物料的精细化管理和成本控制。这有助于提高生产效率、降低成本，同时确保生产过程的顺畅运行，使企业更具竞争力。

综上所述，CAD/CAM 系统在现代制造业中的应用涵盖了产品设计、制造规划、数控编程、刀具路径规划、零件加工模拟、数据协作和物料管理等多个方面。它们有助于提高产品设计和制造的效率、精度和质量，是现代制造业不可或缺的工具之一。

第二节　数字化制造与工艺设计集成

数字化制造与工艺设计的集成是现代制造业的关键趋势之一。这种集成将数字技术与传统工艺设计相结合，实现了生产流程的智能化和优化。数字化制造利用数据分析、模拟和自动化技术，可以更准确地预测和优化制造过程，提高生产效率和产品质量。工艺设计与数字化制造的集成使制造业能够更灵活地应对市场需求变化，快速调整生产，减少废品率，提高资源利用率。这种集成不仅提高了制造效率，还为企业带来了更高的竞争优势和可持续发展的机会。

数字化制造与工艺设计集成是现代制造业的重要趋势，它将数字化技术与工艺设计相结合，实现了制造过程的数字化和智能化。

一、数字化制造技术应用

数字化制造技术的应用在现代制造业中产生了深远的影响。它涵盖了诸多领域，包括数控机床、自动化生产线、虚拟工厂建模、物联网设备等。这些技术的应用使制造过程更加高效、精确，并减少了人为错误的可能性。通过数字化制造，企业可以更好地管理生产流程、提高产品质量、降低成本，并实现定制化生产，满足多样化市场需求。数字化制造也为智能工厂和工业 4.0 的实现提供了基础，将制造业推向了一个全新的发展阶段。

（一）数字双胞胎模型

数字化制造的核心概念之一是数字双胞胎模型，它将产品的数字模型与制造过程的数字模型相结合，实现了无缝的数字化协作和生产过程的智能化。工程师使用 CAD 软件创建产品的数字模型，这个数字模型包含了产品的几何形状、尺寸、材料属性等信息。这个数字模型是产品设计的基础，它可以帮助工程师进行设计验证、可视化和分析，确保产品的质量和性能达到要求。将这个数字模型与 CAM 系统集成。CAM 系统能够自动生成数控（CNC）编程，将产品的数字模型转化为可加工的数字控制代码。这个过程是关键的，它消除了手工编程的烦琐和可能的错误，提高了生产的精确性和效率。数字化制造还涵盖了物联网（IoT）技术的应用，通过传感器和连接设备，将制造设备与数字模型相连接。这使得制造过程实现了实时监测和数据采集，可以迅速检测到问题并采取措施，提高了生产的灵活性和响应能力。数字化制造的数字双胞胎模型将设计和制造紧密结合，实现了高度的智能化和自动化，有助于提高生产效率、降低成本，并确保产品质量的一致性。这对制造业的发展和竞争力提供了重要支持。

（二）智能制造系统

数字化制造的范畴还包括智能制造系统的广泛应用。这些智能系统不仅仅是传统的自动化工厂，它们还能够自动监测生产过程、实时收集大量数据、进行高度精确的质量控制，并利用先进的数据分析技术实现制造过程的实时优化和自动化。智能制造系统通过传感器网络实时监测生产过程的各个方面，包括机器运行状态、温度、压力、湿度等。这些数据可以帮助工厂实时了解生产状况，及时发现潜在问题，从而提高生产效率和减少停机时间。这些系统会将大量数据收集到中央数据库中，并利用高级数据分析和人工智能技术进行处理。通过数据分析，工厂可以识别生产中的趋势和异常，预测设备故障，优化生产计划，减少废品率，提高产品质量。智能制造系统还能够与其他工厂系统集成，如 ERP（企业资源计划）系统，实现生产和资源的智能调度和管理。这种集成提高了企业的整体效率和竞争力。智能制造系统能够实现自主决策和自动化控制，如自动调整机器参数、自动选择最佳生产路线、自动进行质量检测和排序等。这种自动化不仅提高了生产效率，还降低了对人工干预的依赖，减少了人为错误的发生。数字化制造包括智能制造系统的应用，这些系统通过实时监测、数据收集、分析和自动化控制，实现了制造过程的高度智能化和自动化。这不仅提高了生产效率和产品质量，还为制造企业带来了更大的竞争优势。

（三）3D 打印和增材制造

数字化制造技术的一个重要分支是 3D 打印和增材制造，它们正在改变着制造业的面貌。这些技术基于数字模型，通过逐层堆积材料来创建三维物体，具有许多显著的优势。

3D 打印和增材制造具有快速原型制作的能力。制造商可以使用数字模型快速创建物理原型，以进行设计验证和测试。这可以大大缩短产品开发周期，减少开发成本，同时提高产品的质量和性能。这些技术支持定制生产。根据不同的需求和规格，可以轻松调整数字模型，以生产个性化的产品。这对于特定市场需求和小批量生产非常有用，为企业提供了更大的灵活性。3D 打印和增材制造也减少了材料浪费。传统制造方法通常需要大量的切割和废料，而这些数字化制造技术可以最大限度地减少废料的产生，有助于可持续生产。除此之外，这些技术还在医疗、航空航天、汽车制造等领域发挥了重要作用。它们为医疗器械的定制制造、轻量化材料的应用和复杂零部件的制造提供了新的可能性。3D 打印和增材制造是数字化制造技术的重要组成部分，它们正在不断演进和创新，为制造业带来了更多的机遇和挑战。它们不仅提高了生产效率和质量，还推动了制造业的数字化转型。

二、数字化工艺设计与集成

数字化工艺设计与集成是现代制造业的核心。它将 CAD、CAM、PLM 等技术融合，实现从设计到生产的全面数字化管理。这种集成允许实时协作，提高了制造效率、质量和适应性。数字化工艺设计通过模拟和优化，减少了错误和成本，提高了设计的准确性。它还支持可持续制造，减少了资源浪费，降低了环境影响。数字化集成改变了制造方式，使企业更灵活、更创新和竞争力更强。

（一）工艺规划与仿真

数字化工艺设计是现代制造业中至关重要的一环，它将工程师的创造力与数字技术相结合，以实现更高效、更精确的制造过程。其中，工艺规划和仿真是数字化工艺设计的重要组成部分，为制造企业提供了许多优势。工艺规划是数字化工艺设计的起点。在这个阶段，工程师可以使用数字化工具创建产品的数字模型，并确定制造过程中所需的关键步骤和工序。这有助于建立详细的制造计划，包括工艺路线、工作站布局和生产时间表。通过工艺规划，制造企业可以更好地掌握生产过程，提前识别潜在问题，并优化资源分配。工艺仿真是数字化工艺设计的重要环节。工程师可以使用工艺仿真软件模拟整个制造过程，包括原材料加工、装配、质量控制等各个环节。通过仿真，工程师可以观察和分析制造过程中的各种因素，如物料流动、工作站效率、产能瓶颈等，从而确定最佳的工艺路线和生产参数。这有助于降低生产成本、提高生产效率，并确保产品质量。数字化工艺设计还支持定制生产。工程师可以根据客户的需求，快速调整数字模型和工艺流程，以满足不同规格和要求的产品制造。这种灵活性使制造企业能够更好地适应市场变化和客户需求的快速变化。数字化工艺设计是现代制造业中的关键要素，它通过工艺规划和仿真，使制造过程更加精确、高效和灵活。这有助于提高制造企业的竞争力，降低生产成本，加快产品上市时间，并提高产品质量，为制造业的数字化转型提供坚实的基础。

（二）实时数据采集与监控

数字化工艺设计的关键部分之一是实时数据采集和监控系统的应用。在现代制造中，工程师可以借助传感器和数据采集系统来监测生产过程的各个方面，实现及时问题识别和采取纠正措施。传感器被广泛用于监测设备的运行状态和性能参数。这些传感器可以测量温度、压力、振动、电流等各种参数，实时反馈到数据采集系统中。工程师可以远程访问这些数据，随时了解生产设备的工作情况。如果出现异常，系统会发出警报，工程师可以立即采取措施，减少生产故障的发生和生产停机时间。数据采集系统还能够实时记录生产过程中的关键数据点，如生产速度、产量、质量指标等。这些数据可以用于制造过程的实时监控和分析。工程师可以设置阈值，当数据超出预定范围时，系统会发出警报，提示潜在问题。这使工程师能够迅速响应问题，减少生产中的不合格产品。实时数据采集和监控系统还支持历史数据的存储和分析。工程师可以回顾过去的数据，识别生产中的趋势和模式，从而改进工艺和提高产品质量。这种数据驱动的改进过程有助于不断优化制造流程，提高生产效率。数字化工艺设计中的实时数据采集和监控系统为制造业提供了强大的工具，帮助工程师及时发现问题、采取措施，并持续改进生产流程。这种数据驱动的智能化监控不仅提高了生产效率，还提高了产品质量和可靠性，使制造企业更具竞争力。

（三）工艺改进与反馈

数字化工艺设计的实时数据反馈和分析在制造业中扮演着至关重要的角色。它为企业提供了一种强大的工具，用于不断改进工艺、提高生产效率、确保产品质量，并降低生产成本。实时数据反馈允许制造企业及时了解其生产线的状态。传感器和监测设备收集有关设备运行、温度、湿度、压力等方面的数据，并将其实时传输到中央控制系统。这使生产管理人员能够迅速识别潜在的问题和异常情况。例如，如果温度升高或某个设备停机，系统会自动发出警报，生产人员可以采取必要的纠正措施，以避免生产中断或产品质量问题。数字化工艺设计通过数据分析提供了深入的洞察。大数据分析和人工智能技术使企业能够处理庞大的生产数据，以识别趋势、模式和潜在的性能问题。这种数据分析有助于制造企业深入了解其生产过程，找出生产效率低下的根本原因，并采取措施来改进。例如，通过分析生产线上的生产速度和废品率的关系，企业可以确定最佳的生产速度，以在不降低质量的情况下提高效率。

数字化工艺设计支持实施预测性维护策略。通过监测设备的性能数据，系统可以识别设备潜在的故障迹象，并预测何时需要维护。这有助于制造企业计划维护活动，避免设备突然故障和停机，降低维护成本，同时延长设备的寿命。数字化工艺设计使制造企业能够不断优化其生产流程。它提供了一个持续改进的框架，通过分析数据并制定改进措施，使企业能够实现更高的生产效率、更高的产品质量和更低的成本。这为企业提供了竞争优势，有助于满足不断变化的市场需求和提高可持续性。数字化工艺设计的实时数据反馈和分析对制造企业来说是不可或缺的工具。它不仅提高了生产效率、质量和成本控制，还为企业提供了持续改进的机会，从而在竞争激烈的市场中脱颖而出。

数字化制造与工艺设计集成将数字化技术、智能制造和工艺规划相结合，实现了制造过程的数字化、智能化和优化。这有助于提高产品设计和制造的效率、精度和质量，同时还为企业提供了更好的生产过程管理和决策支持。这是现代制造业向数字化转型的关键步骤之一。

第三节 3D 打印与增材制造技术

3D 打印与增材制造技术是一种革命性的制造方法，它通过逐层堆积材料，将数字模型转化为实体对象。这种技术具有高度的灵活性和创新性，可以制造复杂的几何形状和定制化产品。3D 打印适用于多种行业，如医疗、航空航天、汽车制造和艺术领域。它不仅加速了产品开发周期，还减少了材料浪费，推动了制造业的可持续发展。未来，3D 打印将继续演进，为各种应用领域带来更多创新和机会。3D 打印与增材制造技术是一种革命性的制造方法，它允许从数字模型中逐层建立三维物体，而不是采用传统的切削或去除材料的方式。

一、3D 打印与增材制造技术概述

3D 打印与增材制造技术是一种创新性的制造方法，通过逐层堆积材料来创建物体，与传统的切削或成型工艺不同。它通过数学建模和计算机控制，将数字设计文件转化为实体产品。这项技术在制造领域引发了革命性的变革，可以用于制造原型、定制产品和复杂零部件。3D 打印和增材制造在医疗、航空航天、汽车、艺术和许多其他领域都有广泛的应用，为生产提供了更大的灵活性和创新性。

（一）基本原理

3D 打印与增材制造技术的基本原理是将材料一层一层地叠加或固化，从而构建三维物体。这一过程依赖于 CAD 软件，它们将数字模型分解成一系列横截面图层。然后，3D 打印机或增材制造设备会根据这些图层的设计，逐层添加或凝固材料，逐渐形成最终的物体。这些材料可以是多种多样的，包括塑料、金属、陶瓷、生物材料等。不同类型的 3D 打印技术使用不同的原材料和工艺，以适应各种应用需求。这种灵活性使得 3D

打印技术成为一种多功能的制造方法，广泛用于医疗领域、工程设计、艺术创作等各个领域。

（二）模型设计与数字化制造

3D 打印技术的应用始于数字模型的设计阶段。设计师利用 CAD 软件进行创作，通过 CAD 软件创建高精度的三维数字模型。这个数字模型是将要制造的物体的精确表示，包括了每个细节和尺寸。一旦设计师完成了数字模型的创建，接下来的步骤就是将这个模型导入到 3D 打印机或增材制造设备中。这个过程通常需要将数字模型转化为适合 3D 打印的文件格式，如 STL（三维模型的标准文件格式）。然后，通过连接计算机或者通过网络，将文件传输到 3D 打印机或增材制造设备。一旦数字模型被成功传输到制造设备中，3D 打印机或增材制造设备会根据数字模型的指导开始制造过程。它们会逐层地堆叠或添加材料，根据数字模型的几何形状逐渐构建出最终的实体物体。这个过程是高度自动化的，因此减少了人工干预，提高了生产效率。3D 打印技术的应用始于数字模型的设计，然后通过将模型导入制造设备，实现了高度精确和自动化的制造过程。这一过程为制造业带来了更高的灵活性和创新性，同时也大大减少了生产周期和成本。

（三）应用领域

3D 打印与增材制造技术广泛应用于多个领域，为不同行业带来了革命性的变革。在快速原型制作领域，这些技术允许工程师和设计师快速创建原型，加速产品开发周期，减少开发成本，同时也使得迭代设计更加容易。在医疗领域，3D 打印和增材制造已经用于制造定制的医疗器械、义肢和假体。这使得医疗更加个性化，能够更好地满足患者的需求，提高了治疗效果。在航空航天和汽车制造领域，这些技术用于制造轻量化零部件，提高了飞行器和汽车的燃油效率，减轻了整体重量，提高了性能。在建筑领域，3D 打印技术已经开始用于建造房屋和建筑结构，提高了建筑的效率，减少了浪费，同时也提供了更多创新的设计可能性。在消费品制造领域，个性化制造成为可能，人们可以根据自己的喜好定制产品，如鞋子、眼镜、珠宝等。总的来说，3D 打印与增材制造技术改变了传统制造方式，提供了更高的灵活性、定制化和效率，对各个行业都产生了深远的影响。

二、3D 打印与增材制造技术的应用

3D 打印与增材制造技术的应用深刻地改变了制造业的面貌。这些技术通过逐层堆积材料来创建复杂的三维对象，极大地提高了制造的灵活性和定制性。它们广泛用于快速原型制作、医疗器械制造、航空航天、汽车工业等领域。3D 打印和增材制造不仅减少了材料浪费，还加速了产品开发周期。它们为创新提供了无限可能性，允许制造更轻、更复杂、更具个性化的产品，为未来的制造业发展打开了新的大门。

（一）制造原型

3D 打印技术在原型制造领域的应用确实是非常重要的。它之所以被广泛采用，是因为它具有独特的优势，使其成为原型制造的理想选择。3D 打印技术能够快速创建具有复杂几何形状的原型。无论是产品的外观设计还是内部结构，3D 打印都能够精确地还原，使设计师能够更好地了解产品的细节和性能特点。这对于产品的优化和改进至关重要。3D 打印技术具有高度的定制性。设计师可以根据需要轻松地调整原型的设计，无需重新制造新的模具或工具。这节省了时间和成本，同时也提高了灵活性。3D 打印还能够快速验证设计概念。通过制造多个原型，设计师可以进行多次测试和评估，以确保最终产品满足要求。3D 打印技术在原型制造过程中减少了浪费。传统的原型制造可能涉及大量的材料浪费，而 3D 打印是一种增材制造过程，只使用所需的材料，减少了废料产生。

3D 打印技术在原型制造中的应用不仅加速了产品开发周期，还提供了更好的设计可视化和性能测试的机会，使其成为现代制造业中不可或缺的工具。

（二）定制化生产

3D 打印技术的应用始于数字模型的设计阶段。设计师利用 CAD 软件进行创作，通过 CAD 软件创建高精度的三维数字模型。这个数字模型是将要制造的物体的精确表示，包括每个细节和尺寸。一旦设计师完成了数字模型的创建，接下来的步骤就是将这个模型导入到 3D 打印机或增材制造设备中。这个过程通常需要将数字模型转化为适合 3D 打印的文件格式，如 STL（三维模型的标准文件格式）。然后，通过连接计算机或者通过网络，将文件传输到 3D 打印机或增材制造设备。一旦数字模型被成功传输到制造设备中，3D 打印机或增材制造设备会根据数字模型的指导开始制造过程。它们会逐层地堆叠或添加材料，根据数字模型的几何形状逐渐构建出最终的实体物体。这个过程是高度自动化的，因此减少了人工干预，提高了生产效率。3D 打印技术的应用始于数字模型的设计，然后通过将模型导入制造设备，实现了高度精确和自动化的制造过程。这一过程为制造业带来了更高的灵活性和创新性，同时也大大减少了生产周期和成本。

（三）轻量化设计

在航空航天和汽车制造领域，3D 打印技术正迅速崭露头角，成为轻量化设计和生产的一项关键工具。这一技术的应用对于提高燃料效率和性能方面具有重要意义。3D 打印技术允许工程师设计和制造复杂的轻量化结构，这些结构在传统制造方法下可能无法实现。通过优化零件的几何形状和内部结构，可以在保持足够强度的前提下减少材料使用量。这种轻量化设计有助于降低整个航空航天器或汽车的重量，从而提高燃料效率，减少能源消耗。3D 打印技术可以实现定制化的零部件制造。在航空航天和汽车制造中，不同的应用可能需要不同规格和性能的零件。通过 3D 打印，可以根据具体需求定制零部件，无需大规模生产大量相同的零件，从而降低了库存成本和避免了资源浪费。3D 打印还可以加速新产品的开发和测试。在设计和原型制造阶段，工程师可以迅速制作和测试各种零部件和组件，以确定最佳设计方案。这有助于缩短产品上市时间，提高市场竞争力。3D 打印技术也为航空航天和汽车制造业带来了供应链的变革。通过在需要的地方制造零部件，可以减少国际运输和库存的需求，降低了整体成本并减少了环境影响。3D 打印技术在航空航天和汽车制造领域的应用为轻量化设计、定制化制造、加速创新和改进供应链管理提供了巨大潜力，有望进一步提高燃料效率和性能，推动这两个行业的可持续发展。

（四）维护与修复

除了在定制化生产领域的应用，3D 打印技术还具有显著的维护和修复潜力，能够制造零配件和部件，延长设备和机器的寿命。在维护和修复方面，3D 打印可以用来制造受损或老化零件的替代品。传统方法可能需要大量时间和成本来定制这些部件，但 3D 打印技术可以更加经济高效地生产出完全符合要求的零件。这意味着设备和机器可以更快地得以修复，减少了生产中的停机时间，提高了生产效率。3D 打印技术还可以用于制造难以获得的零配件。有些老旧设备可能需要特定规格的零部件，但这些规格可能已经不再生产或者很难找到。通过 3D 打印，可以根据需要快速制造出这些零配件，使得老旧设备能够继续运行。通过使用 3D 打印技术，还可以进行创新性的改进，设计出更耐用、更轻量化的零件，从而延长整个设备和机器的寿命。这意味着制造企业可以更长时间地使用他们的资产，降低了替代设备的成本。3D 打印技术在维护、修复和延长设备寿命方面具有巨大的潜力。它为制造业提供了一种经济高效、创新性强的方法，使得设备和机器能够更持久地工作，提高了生产的可靠性和可持续性。

（五）食品和医药领域

在食品和医药领域，3D 打印技术引领了一场革命，为食品、药物和组织工程等领域提供了全新的制备方式，带来了巨大的潜力和机会。3D 打印技术在食品制备方面具有革命性的潜力。食品打印可以用于制造个性化的食品，根据个人的口味和膳食需求进行定制。这种个性化食品制备方式可以满足不同人群的特殊膳食需求，如食物过敏、特殊疾病或偏好。食品打印还可以实现更具创意和复杂的食品设计，从美食餐厅到医院的食物定制，都可以受益于这一技术。医药领域也受益于 3D 打印技术的应用。药物打印可以用于制备个性化的药物剂量，根据患者的具体需求和生理特征进行调整。这有助于提高药物的疗效和安全性，尤其是对于儿童、老年人和特殊病例的患者。3D 打印技术还可用于制造药物传递系统，如定制的药丸或植入物，以提供更精确的治疗和控制释药速度。组织工程是医药领域中 3D 打印技术的重要应用之一。通过将细胞和支架材料结合，可以制造人工组织和器官，用于移植和修复。这一领域的研究不仅为器官移植提供了新的解决方案，还有望改善医疗器械的性能和效果。3D 打印技术在食品和医药领域的应用正在改变传统的制备方式，为个性化制备、创新药物研发和组织工程提供了无限可能，有望为人类的健康和食物品质带来积极的变革。

3D 打印与增材制造技术已经在制造业中取得显著的进展，为创新、定制化生产和资源节约提供了新的可能性。这些技术在各个领域都有广泛的应用，将继续推动制造业的发展和转型。

第四节　智能制造与工厂数字化的前沿发展

智能制造与工厂数字化的前沿发展正在推动制造业向更高级别的智能化和自动化迈进。这一趋势包括了物联网（IoT）技术的广泛应用，使各种设备和传感器能够实时收集和共享数据。工厂数字化转型正在崭露头角，通过云计算和大数据分析，实现生产线的实时监控和优化，降低生产成本，提高生产效率。人工智能（AI）和机器学习也得到广泛运用，从生产计划到质量控制，为制造业带来了更高的自动化程度和决策智能化。工业机器人和自动化系统的普及加速了生产线的自动化，提高了产品质量和一致性。这些前沿发展将持续推动智能制造的进步，使制造业更具竞争力，更适应未来的市场需求。智能制造与工厂数字化是现代制造业的前沿发展趋势，它们结合了先进的技术和数字化创新，以提高生产效率、产品质量和企业竞争力。下面是关于智能制造与工厂数字化的两个主要章节。

一、智能制造的前沿发展

智能制造正处于前沿发展的浪潮之中，涵盖了多个关键领域。人工智能技术在制造中的应用变得越来越广泛，包括机器学习、深度学习和自然语言处理等，以提高生产效率、质量控制和预测性维护。物联网（IoT）技术使设备和工厂之间实现了互联互通，实现了实时数据监测和远程控制。第三，增强现实（AR）和虚拟现实（VR）技术为培训、维护和产品设计提供了全新的方式。可持续性和绿色制造已经成为智能制造的核心关注点，以减少资源浪费和环境影响。这些前沿技术和趋势共同推动着智能制造领域的不断演进和创新。

（一）工业物联网（IIoT）

工业物联网（IIoT）的崭新局面在智能制造中发挥了至关重要的作用。它代表着设备、机器和传感器之间的无缝连接，以及数据的即时共享和分析。这种技术变革不仅改变了生产方式，也给制造业带来了巨大的影响。IIoT 允许实时监测生产过程中的各种参数和性能指标。传感器安装在设备上，可以持续地收集数据，如温度、湿度、振动等。这使得制造企业可以随时了解设备的状态，及时识别潜在问题，并采取预防措施，从而减少了突发故障的风险。远程控制是 IIoT 的另一重要优势。生产线的监控和控制可以通过云平台实现，不受地理位置的限制。这意味着制造商可以远程管理多个设备和工厂，实现生产的灵活性和全球化。IIoT 支持预测性维护。通过分析大量数据，可以建立机器学习模型来预测设备的故障和维护需求。这样，维护团队可以在设备出现问题之前采取措施，从而减少了停机时间，提高了设备的可用性和生产效率。工业物联网的兴起为制造业带来了革命性的变革。它提供了实时监测、远程控制和预测性维护等强大功能，大大提高了生产效率、资源利用率和生产质量，为智能制造的发展铺平了道路。

（二）人工智能与机器学习

人工智能和机器学习技术在智能制造中的广泛应用正在推动制造业实现巨大的进步。它们用于自动化生产过程，通过监测传感器数据、分析生产线状态和执行自动调整，从而提高生产效率和降低人工干预。这些技术用于质量控制，能够实时检测产品缺陷和变异，并立即采取纠正措施，确保产品达到规定的质量标准。人工智能和机器学习还在生产计划方面发挥着关键作用，能够分析市场需求、库存水平和生产能力，制订最佳的生产计划，以满足客户需求同时降低库存成本。最重要的是，它们还用于设备故障预测和预防性维护，通过分析设备传感器数据，可以提前识别潜在故障迹象，避免设备停机，提高生产连续性和可靠性。

（三）自动化与机器人技术

自动化和机器人技术的不断进步确实在制造领域带来了革命性的变革。协作机器人，也称为协同机器人或合作机器人，具有与人类工作者协同工作的能力。它们在生产线上可以与人类工人一起工作，执行复杂的任务，如装配、搬运和检查。这种协作不仅提高了工作效率，还减少了对人员的负担，使生产线更加灵活和可适应不同产品的制造需求。自主机器人具有更高的智能和自主性，它们能够独立执行任务，如无人驾驶车辆在工厂内部自动搬运物料，或者自主机器人在仓库中完成订单拣选和包装。这些技术的发展进一步提高了生产线的自动化水平，减少了人为干预的需求，降低了劳动力成本，并提高了生产效率。自适应机器人具备学习和适应能力，能够根据环境变化和任务要求进行调整和优化。这种灵活性使得制造环境更具韧性，能够适应市场需求的变化和不断发展的制造技术。自动化和机器人技术的进步极大地提高了制造业的生产效率、灵活性和自动化水平，对于提高竞争力和适应市场需求的变化具有重要意义。

二、工厂数字化的前沿发展

工厂数字化的前沿发展正在不断演进，以适应现代制造业的需求。其中一项重要趋势是工业物联网（IIoT）的广泛应用，通过传感器和连接设备，实现了生产过程的实时监测和数据收集。另外，人工智能和机器学习技术的整合，使得工厂能够更智能地预测故障、优化生产计划和提高质量。虚拟现实（VR）和增强现实（AR）技术也在培训和维护方面发挥着越来越重要的作用，提高了工作效率和安全性。数字孪生技术的兴起允许工厂创建虚拟模型，模拟生产过程，以便更好地优化和改进。这些前沿技术正在推动工厂数字化向更高级别发展，为制造业带来更大的竞争优势和创新机会。

（一）数字双胞胎（Digital Twin）

数字双胞胎技术是一项革命性的技术，将物理世界与数字世界紧密结合，为制造业带来了前所未有的机会。在产品设计方面，数字双胞胎允许工程师创建精确的数字模型，以模拟和优化产品的设计和性能。这意味着在产品制造之前，可以在虚拟环境中进行大量的测试和验证，从而节省时间和成本，并确保产品在实际制造中具有高质量和可靠性。数字双胞胎技术在制造工艺规划中发挥着关键作用。制造过程可以在数字环境中建模和分析，以确定最佳的生产工艺和流程。这有助于降低生产成本、提高生产效率，并确保产品符合质量标准。数字双胞胎技术还可以用于生产过程模拟。通过在数字模型中模拟生产线的运行，制造商可以识别潜在的瓶颈、问题，从而及时采取措施解决这些问题，提高生产线的运行效率。数字双胞胎技术还可以用于维护预测。通过监测物理设备的运行数据，并与数字模型进行比较，制造商可以预测设备的维护需求和潜在故障，从而实现预防性维护，减少停机时间和生产中断。数字双胞胎技术已经成为制造业的一项重要工具，有助于优化产品生命周期管理，提高生产效率和质量，降低成本，并推动制造业迈向数字化和智能化的未来。

（二）云计算与边缘计算

云计算和边缘计算技术的融合在工业数字化领域发挥着重要作用，为制造业带来了巨大的变革。这两项技术共同支持了大规模数据的存储、分析和共享，以及实时决策制定，提高了生产的智能化和效率。云计算技术为制造企业提供了强大的数据存储和处理能力。制造过程中产生的大量数据，包括生产参数、传感器信息和设备状态，可以被集中存储在云端的服务器上。这使得数据能够跨多个工厂和地点进行共享和分析，为全球化生产提供了便利。云计算技术支持高级数据分析和机器学习应用。通过云平台上的强大计算资源，制造业可以进行复杂的数据分析，挖掘潜在的生产优化机会。机器学习模型可以从大数据中学习，帮助预测设备故障、优化生产计划和改进质量控制。

边缘计算技术则提供了更快的响应时间和实时决策制定的能力。在制造现场，传感器和设备可以直接连接到边缘计算设备，而不必将所有数据传输到云端进行处理。这意味着能够实时监测设备状态，及时采取行动，降低了生产风险。云计算和边缘计算技术的融合为工业数字化提供了强大的支持。它们共同实现了大规模数据的管理和分析，以及实时决策制定，使得制造业能够更智能地运营，提高了生产效率、质量和可持续性。这两项技术的进一步发展将继续推动工业数字化的前沿发展。

（三）增强现实与虚拟现实

AR 和 VR 技术已经在制造业中崭露头角，为工艺规划、培训和维护等领域带来了革命性的变革。在工艺规划方面，工程师可以使用 AR 和 VR 技术来创建虚拟工厂环境，以模拟和优化生产线和工艺流程。这使得工程师可以更好地理解生产环境中的问题，并进行实时的设计和工艺调整，以提高生产效率和质量。AR 和 VR 技术在培训领域发挥着重要作用。工作人员可以通过 AR 和 VR 模拟器接受逼真的培训，模拟各种工作场景和操作过程，而无需亲身参与实际生产。这种虚拟培训可以提供更安全、更有效的学习环境，有助于培养工人的技能，并减少实际生产中的错误和事故。AR 技术还可以用于操作辅助。工作人员可以佩戴 AR 眼镜或头盔，获得实时的信息和指导，以帮助他们执行复杂的任务。这可以提高操作的准确性和效率，并减轻操作员的负担。AR 和 VR 技术也在维护领域发挥作用。维护人员可以使用 AR 眼镜或头盔来查看设备的实时状态和维护指南，从而更容易地进行维修和保养工作。这有助于减少停机时间，并延长设备的使用寿命。AR 和 VR 技术正在改变制造业的方式，提高了工艺规划的精度、提供了更好的培训和操作支持，以及改进了设备维护的效率。这些技术有助于提高制造业的生产效率、降低成本，并增强企业在市场竞争中的竞争力。

（四）数据安全与隐私保护

随着工厂数字化的不断发展，数据安全和隐私保护成了至关重要的考虑因素。企业必须采取一系列措施，以确保工厂数据的安全性和合规性，防止潜在的风险和威胁。数据加密是保障工厂数据安全的重要手段。通过对数据进行加密，即使数据在传输或存储过程中被窃取，也难以被未经授权的人解密和访问。企业应采用强大的加密算法来保护数据的机密性。

访问控制是确保数据安全的关键措施。只有授权人员才能访问敏感数据，而其他人员则应受到限制。采用身份验证、权限管理和多因素认证等技术，以确保数据只能被授权的人员访问。定期的安全审计和监控也是必不可少的。企业应建立监控系统，实时追踪数据访问和操作，以及异常活动的检测。安全审计可帮助发现潜在的漏洞和威胁，及时采取措施应对。合规性是数据安全的重要组成部分。企业需要遵循适用的法规和标准，如 GDPR、HIPAA 等，以确保在数据处理和共享过程中不违反法律法规，保护客户和员工的隐私权。员工培训和意识提高也是至关重要的。员工应被教育如何正确处理敏感数据，以及如何辨别和报告潜在的网络威胁。他们的合作和积极参与对维护数据安全至关重要。随着工厂数字化的发展，数据安全和隐私保护是不可忽视的问题。企业需要采取综合性的措施，包括数据加密、访问控制、安全审计、合规性和员工培训，以确保工厂数据的安全性和合规性，维护制造业的可持续发展。

智能制造和工厂数字化是现代制造业的前沿发展趋势，它们利用先进的技术和数字化创新来提高生产效率、质量和灵活性。这些趋势将继续塑造未来的制造业，为企业带来更多的机会和挑战。

第七章　工艺装备的性能分析与优化

第一节　性能分析方法与指标

工艺装备性能的分析方法与指标是确保设备正常运行的关键因素。其中，关注设备的可靠性、稳定性、生产效率和能源利用率等方面是至关重要的。可通过设备的故障率、维护周期、产量、生产速度、设备利用率、能源消耗等指标来评估性能。数据分析、趋势监测和故障预测等方法也可用于性能分析，以提前发现问题并采取维护和改进措施，确保设备的高效运行。这些分析方法和指标有助于优化工艺装备，提高生产效率和产品质量。性能分析方法与指标在不同领域中都具有重要作用，可以用来评估和衡量产品、系统、流程或组织的效率、质量和可靠性。

一、性能分析方法

工艺装备的性能分析是关键，它有助于评估设备的运行情况和效率。一种常用的方法是实施定期的设备巡检和维护，以确保设备正常运行。可以采用实时数据采集系统，监测关键性能指标，如温度、压力、产量等。数据分析工具可用于处理和解释收集到的信息，识别潜在问题和改进机会。性能分析还可以包括使用可视化技术，如热图或趋势图，以更直观地了解设备的运行情况。通过这些方法，企业可以不断优化工艺装备，提高生产效率和产品质量。

（一）统计分析

统计分析是一种广泛应用的性能分析方法，它在工艺装备的性能评估和优化中发挥着重要作用。通过数据收集，可以获取大量关于工艺装备运行的信息。然后，描述统计方法用于总结和可视化这些数据，帮助分析人员理解装备的运行情况。平均值、标准差和方差等统计指标可用于衡量性能的中心趋势和分散度，从而确定是否存在异常或偏离预期的情况。推论统计方法可以通过从样本数据中得出一般性的结论，进一步深入分析工艺装备的性能。例如，回归分析可以用来探索不同因素对性能的影响程度，有助于确定哪些因素需要重点关注或调整。统计方法还可用于制定预测模型，帮助预测未来装备性能或故障的可能性。统计分析是一种强大的工具，可帮助工程师和分析人员深入了解工艺装备的性能，识别潜在问题，并制定优化策略，以确保其高效稳定地运行。

（二）敏感性分析

敏感性分析是一项重要的工程工具，用于评估系统或模型对参数变化的敏感性。它在工程和科学领域中广泛应用，有助于深入了解系统的性能和稳定性，以及指导决策和改进。敏感性分析可以帮助确定哪些参数对系统性能具有关键影响。通过变化单个参数或多个参数，可以观察到系统输出的变化情况。如果某个参数变化引起了显著的性能改变，那么这个参数就被认为是敏感的。这种分析可以帮助工程师识别关键影响因素，集中精力优化和改进这些因素，以提高系统的效率和质量。敏感性分析还可以用于决策支持。在制定方案或政策时，了解系统对参数变化的响应可以帮助做出明智的决策。例如，在环境保护方面，敏感性分析可以评估不同政策对环境影响的敏感性，从而为政府或企业提供更好的政策建议。敏感性分析还有助于降低风险。通过了解系统对参数变化的敏感性，可以提前预测潜在问题并采取措施来降低风险。这对于复杂的工程项目或金融决策特别有用。敏感性分析是一种有力的工程工具，可以帮助识别关键参数、指导决策、降低风险，并优化系统性能。它在各个领域都有广泛的应用，对于提高决策的准确性和系统的效率至关重要。

（三）模拟与建模

建立数学模型和进行模拟是性能分析的关键方法，它们在工艺装备性能评估和优化中具有重要作用。数学模型是通过数学方程、算法或计算方法来描述工艺装备的行为和性能的抽象表示。这些模型可以基于物理原理、经验数据或理论假设构建。模拟是通过数学模型进行计算，模拟工艺装备在不同条件下的行为。这种虚拟测试允许工程师和研究人员研究和评估装备的性能，而不需要实际操作物理设备。通过模拟，可以模拟不同负载、温度、压力等参数对装备性能的影响，进而预测装备在不同工作条件下的性能表现。建立数学模型和进行模拟具有多种优点，它们可以在更短的时间内提供详细的性能信息，降低试验和实验的成本，同时也减少对物理设备的磨损和损坏。模拟还允许工程师进行虚拟实验，以测试不同的优化策略，从而为决策提供更多的依据。数学模型和模拟是性能分析中的有力工具，它们为工程师提供了一种高效、经济、安全的方式来评估和优化工艺装备的性能，有助于提高其效率和可靠性。

二、性能评估指标

工艺装备的性能评估关乎制造业的效率和质量。关键性能指标包括生产能力、效率、可靠性、精度和可维护性。生产能力指标衡量设备每单位时间内能够生产的产品数量。效率指标评估资源的利用情况，包括能源和原材料。可靠性指标关注设备的稳定性和故障率，直接影响生产计划。精度指标衡量设备的加工精度，对产品质量至关重要。可维护性指标涉及设备的维修和保养，影响停机时间和成本。这些性能指标共同决定了工艺装备的效益和竞争力。

（一）效率指标

效率指标是一种用于衡量工艺装备性能的关键工具。它们通过定量分析资源利用情况，帮助评估工艺装备的效率和经济性。

1. 产出 / 输入比率。这个指标衡量了工艺装备产出与输入资源之间的比例。它可以用来评估生产效率，例如，一个制造工厂可以通过比较产出与原材料消耗来确定其生产效率。高产出 / 输入比率通常表示更高的资源利用效率。

2. 产值 / 成本比率。这个指标用于评估工艺装备的经济性。它可以帮助企业确定生产一个单位产品所需的成本，并与产品的市场价值进行比较。高产值 / 成本比率意味着更高的盈利潜力。

3. 能源效率。衡量工艺装备在能源消耗方面的性能。能源效率指标可以用于监测和改进设备的能源利用情况，以降低能源成本和环境影响。

4. 劳动力效率。评估工艺装备在劳动力利用方面的性能。这个指标可以用来确定生产线上的工人是否高效率地执行任务，从而帮助改善生产过程。

5. 品质效率。衡量产品或工艺装备的质量与资源投入之间的关系。品质效率指标可以用来评估产品的一致性和合格率，有助于降低废品率和成本。

6. 周转率。用于评估库存管理效率。周转率指标可以帮助企业确定存货的平均停留时间，以优化库存管理策略，降低资本占用成本。

7. 制造周期时间。衡量完成一个生产周期所需的时间。制造周期时间指标可以用来评估工艺装备的生产速度和交货期的合理性。

这些效率指标在不同的工业领域和应用中具有重要意义，它们提供了量化的方式来评估工艺装备的性能，并为优化和改进提供了方向。企业可以根据其特定的需求和目标选择合适的效率指标，并采取相应的措施来提高工艺装备的效率。

（二）质量指标

质量指标是用于评估产品或服务的质量水平的关键工具，对企业和组织来说至关重要。这些指标不仅帮助衡量质量，还有助于监测和改进生产流程，确保产品或服务达到客户期望并满足法规标准。质量指标可以通过定量的方式来度量和比较产品或服务的性能。例如，产品缺陷率是一项常见的质量指标，它表示在生产过程中发现的缺陷数量与总生产数量的比例。客户投诉率是另一个关键的指标，它反映了客户对产品或服务不满意的程度。这些定量指标为企业提供了清晰的质量信息，帮助他们及时发现问题并采取纠正措施。

质量指标有助于识别潜在的问题和改进机会。当某项指标显示出异常或低于预期时，企业可以迅速进行调查，找出问题的根本原因，并采取适当的措施来改进生产流程。这有助于降低缺陷率、提高产品准确性和降低生产成本。质量指标还用于确保产品或服务的一致性。通过监测和控制关键的质量参数，企业可以确保每个生产周期都生产出符合规格的产品。这有助于满足客户的期望，建立品牌信誉，并避免不必要的损失和浪费。质量指标在评估和管理产品或服务质量方面发挥着关键作用。它们不仅帮助企业度量质量，还提供了改进和优化的方向，以确保产品或服务在市场上具有竞争力，满足客户需求，同时也有助于降低成本和提高效率。

（三）可靠性指标

可靠性指标在工艺装备性能分析中起着关键作用，它们用于评估系统或设备的可靠性和稳定性。

1. 平均无故障时间（MTBF）。MTBF 是指在正常操作条件下，系统或设备平均工作多长时间后出现第一次故障。它是一个重要的可靠性指标，用于估计设备的寿命和可靠性水平。高 MTBF 表示设备故障率低，更可靠。

2. 故障率。故障率是指在单位时间内设备发生故障的概率。通常以每小时或每年的故障事件数量来表示。低故障率表明设备稳定性高，更加可靠。

3. 平均修复时间（MTTR）。MTTR 是指在设备发生故障后，平均需要多长时间来进行修复和恢复正常运行。短的 MTTR 有助于减少生产中断时间，提高生产效率。

4. 可用性。可用性是一个综合指标，考虑了设备的 MTBF 和 MTTR。它表示设备在规定时间内可用的百分比。高可用性意味着设备可靠且容易维修。

5. 失效模式和影响分析（FMEA）。FMEA 是一种系统性的方法，用于识别潜在的设备失效模式、评估它们的严重性和频率，以及采取预防措施。它有助于提前识别和解决问题，提高可靠性。

6. 生命周期成本。生命周期成本考虑了设备的购买、运营、维护和退役等方面的成本。通过综合考虑这些成本，可以做出更好的决策，以确保设备在整个生命周期内是经济可行的。

7. 故障树分析（FTA）。FTA 是一种用于分析系统可靠性和故障潜在原因的工具。它通过构建故障树，识别导致系统故障的各种可能原因，并评估它们的影响。

这些可靠性指标和方法有助于企业评估和提高工艺装备的可靠性，减少生产中断和降低维修成本，提高生产效率和产品质量。通过监测和改进这些指标，企业可以更好地管理和维护其设备，提高竞争力。

三、应用领域

工艺装备广泛应用于多个领域，如制造业、化工、医疗、食品加工等。在制造业中，工艺装备用于加工和制造各种产品，包括机械零件、电子元件和汽车部件。在化工领域，它们用于混合、反应和处理化学物质。医疗设备包括影像诊断设备和手术器械，用于诊断和治疗疾病。在食品加工中，工艺装备用于处理、包装和保鲜食品。总之，工艺装备在不同行业中发挥着关键作用，支持生产和制造过程，提高效率和产品质量。

（一）制造业

在制造业中，性能分析方法和指标扮演着至关重要的角色，它们为企业提供了有力的工具来不断改进生产流程、降低成本、提高产品质量和可靠性。

1. 生产流程优化。通过性能分析，企业可以深入了解生产流程的各个环节，并识别潜在的瓶颈和低效率点。这有助于制定改进策略，提高生产效率，减少资源浪费。

2. 成本管理。性能分析方法可帮助企业监测和控制生产成本。通过追踪各个生产环节的成本，企业可以找到降低成本的机会，优化资源分配，提高盈利能力。

3. 产品质量提升。性能分析可用于监测和分析产品质量数据，包括缺陷率、不合格品率等。通过及时发现质量问题并采取纠正措施，企业可以提高产品质量，降低客户投诉率。

4. 可靠性改进。性能分析方法和可靠性指标有助于企业了解设备和系统的可靠性水平。通过预测设备故障和采取维护措施，可以减少生产中断，提高设备可用性。

5. 产品追踪和溯源。性能分析还可以用于产品追踪和溯源，特别是在食品和医药制造领域。企业可以跟踪产品的生产和分发过程，确保产品符合法规和标准。

6. 实时监控。通过实时性能监控系统，企业可以及时发现问题并采取行动。这种实时反馈有助于减少生产中断，提高效率。

7. 改进决策。性能分析提供了数据支持，帮助企业制定改进决策。这些决策必须基于数据和事实，而不是主观判断，从而提高决策的准确性。

性能分析方法和指标在制造业中的应用是推动企业持续改进和创新的关键。通过不断地监测、分析和优化性能，制造企业能够提高竞争力，满足市场需求，并实现可持续发展。性能分析是现代制造业成功的重要组成部分。

（二）供应链管理

性能分析在供应链管理中扮演着至关重要的角色，它有助于评估和优化供应链的效率、响应速度以及库存管理。供应链周转率是一个关键的性能指标，它衡量了供应链中货物从进入到离开的速度。高供应链周转率表示供应链能够更快地满足客户需求，减少库存占用和资金周转时间，从而降低了成本。库存水平是另一个关键的性能指标，它反映了供应链中的库存量。过高的库存水平可能导致资本被束缚，增加仓储成本，而过低的库存水平可能导致供应链中断和客户服务问题。性能分析可以帮助确定适当的库存水平，以平衡成本和服务水平。交货时间是供应链中的另一个关键指标，它衡量了从订单到交付的时间。短交货时间可以提高客户满意度，但可能需要更高的成本。性能分析可以帮助供应链管理者找到减少交货时间的方法，同时保持成本可控。性能分析还可以用于识别瓶颈和改进机会。通过分析供应链中不同环节的性能数据，可以确定哪些环节效率较低，响应速度较慢，以及哪些环节可能需要改进和优化。这有助于提高供应链的整体效能。性能分析在供应链管理中具有重要作用，可以帮助企业更好地理解和优化供应链的效率、响应速度和库存管理。通过监测关键性能指标并采取相应的措施，企业可以提高客户满意度、降低成本，并提升竞争力。性能分析在实现供应链卓越中起着关键的推动作用。

（三）项目管理

在项目管理中，性能分析是一项至关重要的工具，用于实时跟踪、评估和优化项目的各个方面。

1. 项目进展追踪。性能分析允许项目经理监测项目的进展情况。通过对任务和阶段的实际完成情况与计划进度进行比较，可以及时发现偏差并采取纠正措施，以确保项目按时完成。

2. 资源利用优化。性能分析有助于了解项目中各种资源的使用情况，包括人力资源、资金、设备等。通过分析资源分配和利用效率，项目经理可以优化资源配置，确保资源得以最佳利用，同时降低成本。

3. 项目交付时间管理。性能分析可用于评估项目交付时间的合理性和可行性。通过监测项目任务的完成情况和时间消耗，项目经理可以预测项目的交付时间，并及时调整计划以应对潜在的延误。

4. 风险管理。性能分析还有助于识别和管理项目中的风险。通过分析各项指标和关键绩效指标，项目经理可以及早发现潜在的风险因素，并制定风险应对策略，以降低项目风险。

5. 质量控制。性能分析可用于监测项目交付的质量和符合性。通过比较实际结果与质量标准和要求，项目经理可以确保项目交付物的质量得到维护，并采取纠正措施以解决潜在的质量问题。

6. 决策支持。性能分析提供了项目数据的可视化和分析，为项目经理和决策者提供了基于数据的决策支持。这有助于制定更明智的决策，优化项目管理策略。

7. 团队绩效管理。性能分析也可用于评估项目团队的绩效。通过监测团队成员的工作量、质量和效率，可以识别出绩效优秀的成员并提供适当的奖励和认可。

性能分析在项目管理中不仅有助于实现项目目标，还有助于提高项目管理的效率和透明度。通过及时了解项目的各个方面，项目经理可以更好地规划、执行和监督项目，确保项目的成功交付。

（四）金融领域

性能分析在金融领域具有广泛的应用，它为投资者、金融机构和市场监管机构提供了关键的工具和洞察力，用于股票投资组合管理、风险评估和金融衍生品定价等方面。股票投资组合管理是金融领域中性能分析的一个重要应用领域。投资者和资产管理公司使用性能分析来评估其投资组合的表现，包括股票、债券、基金和其他金融资产。通过分析历史收益率、波动性和相关性等指标，投资者可以优化其投资策略，最大化回报并降低风险。风险评估是金融领域中不可或缺的一部分。性能分析帮助金融机构和投资者测量和管理风险，从市场风险到信用风险和操作风险。这包括使用各种统计模型和场景分析来预测潜在的风险事件，以及评估其对投资组合或金融产品的影响。金融衍生品定价也依赖于性能分析。金融衍生品的定价需要考虑多种因素，包括市场波动性、利率、股票价格和期权隐含波动性等。性能分析帮助金融机构计算衍生品的理论价格，以便在交易和风险管理中作出明智的决策。

性能分析还在市场监管和合规方面发挥着关键作用。监管机构使用性能分析来监测市场的正常运行，发现异常交易行为，并确保市场参与者遵守规则和法规。性能分析在金融领域中扮演着关键的角色，帮助各类金融机构和投资者更好地理解和管理风险、优化投资组合、定价金融衍生品以及确保市场合规性。它为金融决策提供了有力的支持，有助于实现更好的投资回报和风险控制。性能分析方法与指标对于优化决策和改进流程至关重要。它们帮助组织识别问题、量化结果并支持基于数据的决策，从而提高效率、质量和可靠性，为不同领域的管理和运营提供关键支持。

第二节　设备性能模拟与仿真

设备性能模拟与仿真是现代工程领域的重要工具，它们在工艺设备设计和优化中发挥着关键作用。通过模拟和仿真，工程师能够在实际制造之前深入了解设备的性能和行为，以更好地满足生产要求和质量标准。性能模拟允许工程师在设计阶段快速测试不同设计参数的影响。通过建立数学模型和仿真工具，可以模拟设备的运行情况，包括流体力学、热力学、结构力学等方面。这使得工程师能够优化设备的设计，提高其效率和性能。性能模拟还有助于降低开发成本和时间。传统的试验和原型制作可能需要大量资源和时间，而模拟可以在计算机上快速进行，快速提供反馈。这有助于加速产品开发周期，降低制造成本。性能模拟还有助于预测设备的寿命和可靠性。通过模拟设备的工作条件和应力分布，工程师可以识别潜在的疲劳点和故障模式，从而采取预防性维护措施，延长设备的寿命。性能模拟还可以用于培训和教育。新员工可以通过模拟设备操作和维护来获得实践经验，减少培训成本和风险。设备性能模拟与仿真是一项强大的工具，可以在工程设计和制造中帮助工程师更好地理解设备的行为、优化设计、降低成本、提高可靠性，并支持员工培训。它在现代工程实践中具有广泛的应用前景，有助于推动工艺设备的不断创新和进步。工艺设备性能模拟与仿真是现代制造业中的关键工具，它们用于评估和预测工艺设备的性能、优化制造过程，并降低生产成本。

一、性能模拟方法

工艺设备性能模拟方法是一种重要的工程工具，用于分析和预测工艺设备的性能。这些方法基于数学建模和计算技术，通过模拟设备在不同操作条件下的行为，以评估其性能和效率。性能模拟方法可以用于优化工艺参数、降低能源消耗、提高生产效率以及预测设备的寿命和可靠性。通过模拟，工程师可以更好地理解设备的工作原理，发现潜在问题，并制订改进策略，从而在设计和运营阶段实现更高水平的性能和可持续性。

（一）数值模拟

数值模拟是一种广泛应用于工艺设备性能仿真的方法。它依赖于数学模型和计算机算法，用于模拟工艺设备的运行情况以及与其相关的性能参数。例如，有限元分析（FEA）是一种常见的数值模拟技术，它可以用于模拟结构件的强度、应力分布和变形情况。这对工程师来说非常有用，因为它可以帮助他们评估设备在不同条件下的性能，并确定潜在的问题和改进点。计算流体动力学（CFD）是另一种重要的数值模拟方法，它用于模拟流体在管道、泵、阀门等工艺设备中的流动和传热行为。CFD 分析可以帮助工程师优化流体系统，改善能源效率和流体传递性能。数值模拟在工艺设备性能仿真中发挥着关键作用，它允许工程师在实际制造之前通过计算和模型分析来评估设备性能，从而降低成本、提高效率和降低风险。

（二）流体动力学模拟

流体动力学模拟是一种关键的工程工具，广泛应用于分析流体在管道、容器和设备中的流动行为。它基于数学和物理原理，模拟和预测各种流体系统的性能，包括压降、混合效率和传热性能等方面。流体动力学模拟可以用于预测压降。在管道、泵站和阀门等流体系统中，了解压降是至关重要的。通过模拟流体在这些设备中的流动，工程师可以确定系统中的压力损失，并优化管道尺寸、泵的选择以及阀门的调节，以确保流体在系统中以最高效率流动。混合效率是流体动力学模拟的另一个重要应用领域。在化工、生物工程和食品加工等领域，混合效率对于确保反应或制程的一致性和质量至关重要。通过模拟不同混合设备中的流体动力学，工程师可以确定最佳的混合方案，从而提高产品的均匀性和品质。传热性能分析也是流体动力学模拟的一个重要应用。在热交换器、冷却系统和加热设备中，了解流体的传热行为对于设计和优化系统至关重要。模拟可以帮助工程师确定传热表面的尺寸、流速和温度分布，以最大限度地提高传热效率。

流体动力学模拟还可用于研究流体中的湍流、涡流和湍流结构，以及分析压力分布、速度分布和流体的密度分布等。这些数据对于工程设计、流体系统的性能改进以及问题排查都具有重要意义。流体动力学模拟在工程领域中有着广泛的应用，可以帮助工程师更好地理解和优化流体系统的性能，确保系统在效率、混合和传热方面达到最佳水平。它是现代工程设计和流体力学研究中不可或缺的工具之一。

（三）多体动力学模拟

多体动力学模拟是一种重要的性能仿真方法，特别适用于模拟机械系统的动态行为。这种方法通过建立机械系统中各个零部件之间的相互作用、碰撞和摩擦等关系，来模拟系统的运动和力学行为。在多体动力学模拟中，工程师可以使用数学模型和计算机算法来描述机械系统中各个零部件的运动规律和相互作用力。这包括考虑质量、惯性、几何形状、摩擦系数等因素，以确定系统在不同工况下的动态响应。多体动力学模拟的应用领域非常广泛，包括机械工程、汽车工业、航空航天、机器人技术等。通过模拟机械系统的运动和力学行为，工程师可以优化设计、预测性能、降低成本和提高安全性。多体动力学模拟是一种有力的工具，可用于分析和改进机械系统的性能，从而在工程领域中发挥着重要作用。

二、性能仿真应用领域

工艺设备性能仿真在工程和制造领域有广泛的应用。它常用于产品设计和验证阶段，通过仿真分析设备在产品制造过程中的性能，提前识别潜在问题，降低开发成本和时间。工艺设备性能仿真可用于工艺优化，帮助工程师调整参数、材料和流程，以提高生产效率和质量。它还在培训和操作培训中发挥关键作用，让操作人员模拟设备操作，提高操作技能。性能仿真在设备维护和故障排除中也发挥着重要作用，帮助维修人员识别问题并采取适当措施，减少停机时间。总之，工艺设备性能仿真在多个领域都有助于提高效率、降低成本和提高产品质量。

（一）设备设计与优化

性能模拟和仿真在设备设计阶段的应用是至关重要的，它们为工程师提供了一种强大的工具，用于评估和优化不同设计方案的性能。通过这些技术，工程师可以在实际制造之前对设备进行虚拟测试，以确保其在实际操作中表现出色。性能模拟和仿真允许工程师在虚拟环境中创建设备的数字模型，包括其结构、材料属性和工作原理。然后，他们可以在模拟中应用不同的操作条件、载荷和环境因素，以评估设备在各种情况下的性能表现。

这种方法的优势之一是它可以迅速比较不同设计方案的性能，而无需实际制造多个原型。工程师可以轻松地调整模型的参数，进行参数优化，以找到最佳的设计解决方案。性能模拟和仿真还可以帮助工程师识别潜在的问题和改进点，从而提前解决设计中的挑战。这有助于节省时间和成本，减少不必要的试错，确保最终的设备设计具有出色的性能和可靠性。综上所述，性能模拟和仿真在设备设计阶段的应用有助于工程师更快速、更经济地开发出高性能的设备，提高了制造业的竞争力和产品质量。这些技术在现代工程中扮演着不可或缺的角色。

（二）制造过程优化

性能模拟和仿真在制造过程的优化中发挥着重要作用，通过模拟不同操作和工艺参数的影响，可以显著提高生产效率和产品质量，为制造业带来许多益处。性能模拟和仿真可用于模拟制造过程中的各种变量和因素。这包括原材料的特性、机械设备的运行、工艺参数的调整，等等。通过建立模型和进行仿真，制造商可以在实际操作之前对不同情况进行测试和分析，预测潜在的问题并优化生产流程。性能模拟和仿真可以帮助改善产品设计。在制造产品之前，工程师可以使用仿真工具来模拟不同设计选择的性能，包括强度、耐久性、流体动力学行为，等等。这有助于提前发现设计缺陷并进行改进，从而节省时间和成本。制造过程中的性能模拟和仿真还有助于优化工艺参数。制造商可以调整参数，以最大限度地提高生产效率、减少资源浪费和降低成本。这种优化可以在不进行实际试验的情况下进行，从而减少了试错的风险。性能模拟和仿真还有助于实现数字化制造。通过将现实世界的制造过程建模为数字模型，制造商可以更好地掌握生产过程，并实现实时监控和反馈。这有助于快速适应变化，并实现灵活的生产。性能模拟和仿真在制造业中具有广泛的应用，可以帮助制造商提高生产效率、产品质量和创新能力。它们为制造过程的优化和改进提供了有力的工具，有助于制造业保持竞争力并应对不断变化的市场需求。

（三）故障分析与预测

性能模拟和仿真在故障分析和预测方面的应用是非常有价值的。通过虚拟模拟设备的运行，工程师和维护人员可以更早地识别潜在的问题和故障模式，从而采取必要的维护和预防措施，提高设备的可靠性和可维护性。性能模拟和仿真允许模拟设备在不同工作条件下的运行情况。这包括在不同负荷、温度、湿度等环境条件下的运行情况。通过模拟这些情况，工程师可以观察到设备的响应和性能变化，从而识别可能的故障模式。性能模拟和仿真还可以用于模拟设备的疲劳和寿命预测。工程师可以通过虚拟测试设备的材料和结构，估计其使用寿命，以便计划维护和更换部件的时间表。性能模拟和仿真还可以用于模拟设备在异常情况下的行为，如突然负荷增加、电源故障或传感器故障等。通过模拟这些情况，工程师可以开发应对策略，以减轻潜在故障对设备和生产过程的影响。性能模拟和仿真在故障分析和预测方面有助于提前发现问题，采取预防性的维护措施，减少不必要的停机时间和维修成本，提高设备的可靠性和生产效率。这对于制造业和其他领域的设备运营至关重要。

（四）培训与操作支持

性能仿真的应用不仅局限于制造过程的优化，它还在培训操作人员和提供操作支持方面发挥着关键作用。通过虚拟仿真环境，操作人员可以获得宝贵的实践经验，减少操作错误和风险，提高操作的安全性和效率。性能仿真可用于培训操作人员。在许多领域，尤其是在航空、航天、医疗和能源等高风险行业，操作人员需要经过严格的培训和认证。虚拟仿真环境可以模拟真实工作场景，让操作人员在安全的环境中进行练习。这种培训方法有助于操作人员熟悉设备、工具和流程，提高其技能水平，减少人为错误的发生。性能仿真可以提供操作支持。在实际操作中，操作人员可能面临各种复杂情况和突发状况。虚拟仿真环境可以用于模拟这些情况，并为操作人员提供操作建议和解决方案。这有助于提高操作人员在应对问题时的应变能力和决策能力，减少潜在的风险和损失。性能仿真还可以用于设备维护和故障诊断的培训。操作人员可以在虚拟环境中学习如何维护设备、检测问题并进行修复。这有助于提高设备的可靠性和降低维护成本。性能仿真不仅在制造过程的优化中发挥作用，还在操作人员培训和操作支持方面提供了重要帮助。它为操作人员提供了一个安全的练习和学习平台，有助于提高操作的质量、效率和安全性，从而为各种行业提供了更高水平的操作管理和维护支持。

性能模拟与仿真在制造业中的广泛应用不仅有助于提高设备性能，还能降低生产成本、降低风险，以及提高生产效率。这些工具在制造业中的应用是多方面的，包括产品设计、生产工艺优化、设备维护和生产计划等各个领域。在产品设计阶段，性能模拟和仿真可以用来评估不同设计选择的性能和可行性。工程师可以通过虚拟测试来预测产品的性能、强度和耐久性，从而避免在实际制造中出现设计缺陷，节省了时间和成本。生产工艺的优化是制造业中的关键问题。性能模拟和仿真可以用来模拟不同生产工艺的效率和质量，以确定最佳工艺路线、工艺参数和设备配置，从而提高生产效率、降低废品率和成本。设备维护也受益于性能模拟和仿真的应用。通过模拟设备的运行，可以识别潜在的故障模式和维护需求，制订更有效的维护计划，减少了突发故障和停机时间。生产计划和调度也可以受益于性能模拟和仿真。这些工具可以用来模拟不同生产计划的执行，以优化资源利用和生产交付时间，确保生产计划的顺利执行。性能模拟和仿真在制造业中的应用范围广泛，对于提高生产效率、降低成本、提高产品质量和可靠性都具有重要意义。这些工具不仅帮助企业更好地理解其工艺设备的行为，还能帮助制造企业在竞争激烈的市场中取得竞争优势。

第三节　工艺装备的优化方法

工艺装备的优化方法包括定期维护、性能监控、数据分析和改进措施。维护保养可确保设备保持在良好状态，减少故障。性能监控通过实时数据采集和分析来追踪设备运行情况，及时发现问题。数据分析可揭示潜在瓶颈和改进机会。改进措施包括工艺参数调整、设备升级和操作培训等，以提高生产效率和产品质量。综合应用这些方法，可以不断优化工艺装备，提高生产效率、降低成本，并增强企业竞争力。工艺装备的优化方法在制造业中非常重要，可以提高生产效率、降低成本和改进产品质量。

一、工艺装备性能分析

工艺装备性能分析是制造业中的重要工作，旨在评估和改进设备的运行效率和可靠性。这一过程包括数据收集、模型建立和性能评估。通过监测设备的运行数据，如产量、能耗、故障率等，可以识别问题并量化性能。模型建立阶段利用数学和统计工具，深入分析设备行为，并找出潜在的改进点。最终，性能评估阶段帮助制定措施，以提高设备效率、减少故障和降低成本。性能分析是制造业不可或缺的一部分，有助于优化生产过程，提高竞争力。

（一）数据收集与监测

为了进行工艺装备性能分析，必须积极收集和监测与设备相关的多样化数据。这些数据涵盖了众多关键方面，如生产速度、故障率、能源消耗和设备利用率。通过收集这些信息，我们能够全面了解设备的运行情况和表现。例如，生产速度数据可以帮助我们评估生产效率，故障率数据则有助于识别设备存在的问题。能源消耗数据是关于设备资源利用情况的重要信息，而设备利用率数据则反映了设备的有效利用程度。通过定期监测和分析这些数据，制造企业能够及时发现问题、改进工艺，并采取措施提高设备的性能和可靠性。

（二）数据分析

通过利用统计分析和数据挖掘技术，可以更深入地分析生产过程中收集到的数据，以识别问题、趋势和关键性能指标。这一过程有助于确定哪些方面需要进行优化，并制定相应的改进措施。统计分析和数据挖掘技术能够识别问题。通过分析数据，可以检测到异常情况和潜在的故障，提前发现问题并采取措施以防止问题进一步扩大。这种早期干预有助于减少生产中断和资源浪费。

这些技术还可以发现趋势。通过追踪数据的变化，可以识别出生产过程中的趋势和模式。这些趋势可能涉及生产效率、产品质量、设备维护等方面。了解趋势有助于预测未来可能出现的问题，并采取预防性措施。统计分析和数据挖掘可以确定关键性能指标。通过分析数据，可以确定哪些指标对于生产过程的成功至关重要。这些关键性能指标可以用来衡量生产效率和质量，并作为评估改进措施效果的依据。统计分析和数据挖掘技术在性能监控与反馈中扮演着关键角色。它们帮助制造企业更好地理解数据，识别问题、趋势和关键性能指标，从而有针对性地改进生产流程，提高效率、质量和可持续性。

（三）故障分析

深入分析设备故障并确定其根本原因对于提高工艺装备性能至关重要。这个过程涉及到仔细研究故障发生的情况，以找出问题的根本原因，而不仅仅是应对表面症状。通过深入分析，我们可以识别可能导致故障的各种因素，如材料问题、设计缺陷、操作错误、环境条件等。这有助于制定预防措施，以防止未来故障的发生。例如，如果故障是设备过热导致的，我们可以改进冷却系统或增加温度监测来预防这种情况。通过不断分析故障并采取预防性措施，可以提高设备的可靠性，降低维护成本，并确保生产流程的连续性。

（四）设备维护与维修

为确保设备处于最佳状态，实施定期的维护计划是至关重要的。这个计划通常包括两种主要类型的维护，即预防性维护和修复性维护。预防性维护是计划性的维护活动，旨在预防设备故障和损坏。这种维护包括定期地检查、清洁、润滑和更换磨损部件。通过预防性维护，可以延长设备的使用寿命，减少不必要的停机时间，提高生产的可靠性和连续性。预防性维护还有助于降低维修成本，因为它可以在问题变得严重之前识别和解决。修复性维护是针对已经发生的设备故障或问题而进行的维护。尽管预防性维护可以减少修复性维护的需求，但仍然可能会出现意外故障。在这种情况下，修复性维护的目标是尽快恢复设备的正常运行，以减少生产中断和损失。

维护计划的实施需要制订详细的计划和时间表，确保维护活动按计划进行。还需要记录维护活动的结果和设备的性能数据，以便进行监控和评估。根据设备的使用情况和维护记录，可以不断优化维护计划，确保设备的效率和可靠性得到最大限度的提高。定期的维护计划对于确保设备处于最佳状态至关重要。预防性维护和修复性维护都有助于降低设备故障的风险，提高生产效率和可持续性。通过合理规划和执行维护计划，制造企业可以确保设备的长期稳定运行，减少不必要的生产中断和维修成本。

（五）自动化和智能化

引入自动化和智能化技术对于提高工艺装备性能至关重要。其中一项关键技术是传感器的应用，通过在设备上安装各种传感器，可以实时监测设备的状态和性能参数。这些传感器可以检测温度、压力、振动、电流、电压等多个关键参数，从而帮助运营人员及时发现潜在问题。自动控制系统是另一项重要的技术，它可以根据传感器数据实时调整设备的操作参数，以确保设备在最佳状态下运行。例如，自动控制系统可以自动调整加工速度、温度或压力，以满足生产要求并降低能源消耗。远程监测技术允许工程师和运营人员通过互联网远程监控设备的性能和状态。这意味着他们可以随时随地访问设备数据，及时识别和解决问题，甚至可以进行远程维护和调整。通过引入这些自动化和智能化技术，工艺装备可以实现更高的生产效率，减少停机时间，提高设备利用率，降低维护成本，从而提高整体性能和竞争力。

（六）过程改进

分析工艺流程并识别瓶颈和不必要的浪费是改进和优化生产过程的关键步骤。这包括详细地审查整个生产流程——从原材料采购到最终产品交付。在这个阶段，要记录每个步骤的时间、资源消耗和产出。这有助于建立一个全面的工艺流程图，清晰地展示每个步骤的关系和依赖性。识别瓶颈。通过分析工艺流程，可以确定哪些步骤或环节限制了整个生产过程的效率。这些瓶颈可能是因为资源不足、设备故障或流程不合理等原因导致的。识别瓶颈是改进的关键，因为解决这些问题可以显著提高生产效率。识别不必要的浪费。这包括时间、人力和材料的浪费。不必要的浪费可能源自过多的库存、重复的操作、废品产生等因素。通过减少不必要的浪费，可以降低生产成本，并提高资源的有效利用率。采取措施来改进和优化生产过程。根据瓶颈和不必要的浪费的识别，制订相应的改进计划。这可能包括重新设计工艺流程、更新设备、提供员工培训等。改进计划应该具体、可行并有时间表，以确保实施和监控。通过分析工艺流程、识别瓶颈和不必要的浪费，采取改进措施，制造企业可以不断提高生产效率、降低成本，并提供更高质量的产品。这是持续改进的关键，有助于企业在竞争激烈的市场中保持竞争优势。

二、性能监控与反馈

性能监控与反馈是关键的生产管理工具。它涉及实时数据采集和分析，以监测设备和过程的运行状况。通过监控关键性能指标，如生产速度、产品质量和资源利用率，可以迅速识别问题并采取纠正措施，以确保生产过程的稳定性和高效性。性能监控还提供了数据反馈，帮助制定决策和优化生产流程。这种实时反馈有助于提高生产效率、减少资源浪费，同时也提高了生产质量和客户满意度。

（一）实时监测

建立实时监测系统是工艺装备性能分析的关键一步。该系统利用各种传感器和数据采集设备来持续收集设备运行的关键参数。这些参数可以包括生产速度、温度、压力、振动、能耗等。通过实时监测，运营人员能够随时了解设备的运行状态。监测系统的数据可以传输到一个中央控制中心或云端数据库，以便分析和处理。数据分析可以包括基本的描述性统计，如平均值、标准差，以及更高级的数据挖掘技术，如异常检测和趋势分析。这些分析可以用于识别潜在问题、异常情况或性能下降。一旦问题被识别，运营人员可以采取相应的措施。这可能包括停机维护、设备调整、更换零部件或优化生产参数。通过及时的干预，可以最小化生产中断并维持设备在高性能状态下运行。实时监测系统还可以生成报告和警报，以通知相关人员设备的状态和性能。这有助于建立一种响应迅速的维护文化，确保工艺装备保持高性能水平，最大化提高生产效率和设备可靠性。

（二）数据反馈与改进

将实时监测数据与之前的性能分析数据结合起来，是实现持续改进设备性能和生产流程的关键步骤。实时监测数据的收集。通过在生产过程中安装传感器和监测设备，可以实时收集有关设备运行状况、生产效率和产品质量的数据。这些数据包括温度、压力、速度、产量和其他关键性能指标。实时数据的收集可以通过互联网连接进行远程监控和访问，使生产过程的实时状况随时可见。性能分析数据的整理和分析。之前收集的性能分析数据包括生产历史记录、设备维护记录和关键性能指标的趋势分析。这些数据可以用来识别潜在的问题、瓶颈和改进机会。通过对性能分析数据的深入分析，可以确定哪些方面需要改进，并制订改进计划。实时监测数据与性能分析数据的结合。这意味着将实时监测数据与历史性能数据进行比较和分析，以识别当前问题和潜在的改进机会。例如，如果实时数据显示设备温度异常升高，与性能分析数据相结合，可以追溯到以前的类似问题，并采取纠正措施。

持续改进措施的制定和实施。基于结合实时监测数据和性能分析数据的综合分析，制订具体的改进计划。这可能涉及设备维护、操作培训、流程优化等方面的改进措施。改进计划需要具体和可衡量，以确保改进的可持续性。将实时监测数据与性能分析数据相结合，有助于制造企业实现持续改进。这个过程不仅可以识别和解决当前问题，还可以预测未来可能出现的挑战，并采取预防性措施。通过不断优化设备性能和生产流程，企业可以提高生产效率、降低成本，并提供更高质量的产品，从而在市场上保持竞争。

（三）培训与技能提升

为操作人员提供培训和技能提升机会是确保工艺装备正常运行和维护的关键步骤，有助于提高生产效率和设备可靠性。培训计划的制订。制造企业应该制订详细的培训计划，以确保操作人员具备必要的技能和知识来正确操作和维护工艺装备。培训计划应包括课程内容、培训材料、培训方法和时间表等方面的详细信息。这些计划应该与设备型号和生产流程相关联，以确保培训内容与实际需求相符。培训的多样性。培训可以包括课堂培训、实验室实践、模拟训练和现场指导等多种形式。这种多样性有助于操作人员从不同角度理解和掌握工艺装备的操作和维护技能。培训还可以针对不同级别的操作人员和技术要求进行定制，以确保每个人都能受到适当的培训。

技能评估和认证。培训后，操作人员应接受技能评估和认证，以确保他们真正掌握了所需的技能。这可以通过测试、模拟练习和实际操作来实现。认证可以帮助企业确定哪些操作人员已经具备了必要的技能，并提供进一步培训的机会，以填补任何技能缺口。持续的技能提升机会。技术和工艺不断发展，因此操作人员需要定期更新和提升他们的技能。制造企业应提供持续的培训和学习机会，使操作人员能够跟上最新的技术和最佳实践。这包括定期的培训课程、在线学习资源和参与行业研讨会等。为操作人员提供培训和技能提升机会是确保工艺装备正常运行和维护的关键环节。通过合理的培训计划和持续的技能提升，操作人员能够更好地应对设备的操作和维护需求，提高生产效率，减少设备故障和维修成本，从而有助于企业实现更高水平的生产质量和竞争力。

工艺装备的优化方法是制造企业实现高效生产和竞争优势的关键。性能分析方法帮助企业了解设备的运行状况，通过数据收集和深入分析，可以识别问题和瓶颈。基于性能分析的结果，制定优化策略成为必要，这包括设备升级、维护计划的制订、参数优化等。性能监控系统的建立使企业能够实时追踪设备状态，及时发现问题并采取措施。通过不断改进工艺装备的性能，制造企业能够提高生产效率，减少资源浪费，降低生产成本，提高产品质量和可靠性。这有助于企业更好地满足市场需求，提高客户满意度，并在竞争激烈的市场中脱颖而出。因此，工艺装备的优化不仅是生产过程的改进，更是企业长期发展和可持续竞争的关键因素。

第八章　工艺装备的故障诊断与维护

第一节　故障诊断技术与方法

工艺装备的故障诊断技术和方法对于维护和提高生产效率至关重要。数据采集是关键，通过传感器和监测设备收集各种参数数据，如温度、压力、电流等，以实时监测设备运行状态。数据分析是故障诊断的基础，采用统计分析、模式识别和机器学习等方法，对数据进行处理和分析，以检测异常和趋势。振动分析和声音分析可用于检测机械部件的异常振动和噪声，进一步指示问题。图像处理技术也是一种有效的故障诊断方法，通过摄像头捕捉设备运行图像，进行图像处理和比对，识别可能的故障迹象。信号处理方法可以用于分析电子信号，如频谱分析和波形分析，以检测电气故障。专家系统和知识库技术结合了领域专家的知识和经验，用于制定故障诊断策略和建议维修措施。工艺装备的故障诊断技术和方法多种多样，通常需要多种方法的综合应用。这些技术和方法有助于快速准确地诊断故障，降低生产中断和维修成本，提高生产效率和设备可靠性，从而在竞争激烈的市场中获得竞争优势。工艺装备的故障诊断技术与方法是确保生产连续性和效率的关键因素。

一、故障诊断技术概述

故障诊断技术是一种用于确定设备或系统故障原因的关键方法。它通过分析设备的性能、数据和特征，以便快速而准确地识别问题。这些技术包括传感器监测、数据分析、振动分析、热成像、声音分析和电子测试等。故障诊断技术可以应用于各种领域，包括制造业、航空航天、汽车工业和能源领域，有助于提高设备可用性、降低维护成本和减少生产中断。这些技术的发展推动了智能化设备和预测性维护的实现，提高了工业生产的效率和可靠性。

（一）传感器和监测系统

使用传感器和监测系统来实时监测工艺装备的状态和性能是一项关键的故障预测和

预防性维护措施。这些传感器可以监测多种关键参数，包括温度、压力、振动、电流、电压等，提供了关于设备运行情况的详细数据。温度传感器可以监测设备的温度变化。异常的温度升高或降低可能表明设备存在问题，如润滑不足、冷却系统故障或电气故障。及时检测这些温度异常可以防止设备过热或过冷，从而减少机械磨损和损坏的风险。压力传感器可以监测系统的压力状态。压力异常可能意味着管道堵塞、泄漏或液压系统问题。通过监测压力，可以及早识别这些问题，避免设备停机或损坏。

振动传感器可以检测设备的振动水平，异常的振动可能暗示着不平衡、松动或轴承问题。通过监测振动，可以及时发现并解决这些机械问题，防止进一步损坏。电流和电压传感器用于监测电气系统的状态。异常的电流和电压波动可能表明电气故障或线路问题。通过实时监测电气参数，可以快速识别并解决这些问题，避免电气故障导致的停机。使用传感器和监测系统实时监测工艺装备的状态和性能，可以及时检测异常情况，采取预防性维护措施，防止设备故障和停机，提高生产效率和设备可靠性。这对制造业来说至关重要，有助于降低维护成本，提高生产线的稳定性和持续性。

（二）故障诊断软件

利用先进的故障诊断软件是一种高效的方法，结合实时数据和机器学习算法，来进行故障分析和预测。这些软件具备强大的数据处理和分析能力，能够快速识别潜在的故障模式和趋势，有助于提前预测设备可能出现的问题。这些软件通过收集和分析实时数据，可以监测设备的性能和运行状态。它们可以识别异常数据点、趋势变化和模式偏差，从而迅速发现可能的故障迹象。利用机器学习算法，这些软件可以建立模型来预测设备的故障概率。它们会考虑多个因素，包括设备的历史数据、工作条件和环境因素，从而生成准确的故障预测。一旦检测到潜在故障，这些软件可以生成警报并提供建议的纠正措施。这有助于维护团队及时采取必要的措施，以防止故障升级和生产中断。先进的故障诊断软件结合实时数据和机器学习算法，为工厂提供了高效的故障诊断和预测工具。这有助于提高工艺装备的可用性，减少维修成本，增强生产效率和质量。

（三）指标和模型

建立性能指标和数学模型是关键的故障诊断和性能分析方法之一。通过这些指标和模型，可以将实际性能与预期性能进行比较，从而及时识别问题和潜在的故障。性能指标是定量的测量标准，通常包括生产速度、能源消耗、质量指标、设备利用率等。这些指标可以帮助企业量化工艺装备的性能，将其与既定的性能目标进行对比。如果性能指标与预期有明显偏差，就可能存在问题。数学模型是一种理论框架，用于描述工艺装备的行为和性能。通过建立数学模型，可以模拟不同工况下的性能表现，包括正常运行和异常情况。当实际性能数据与模型的预期性能不符时，就可以发现潜在的问题。如果生产线的实际产量远低于预期产量，性能指标就会显示出明显的偏差。此时，可以使用数学模型来模拟生产过程，确定问题的根本原因，如设备故障、材料供应问题或操作错误。通过识别问题，可以采取适当的措施，如设备维修、操作培训或供应链优化，以恢复性能并提高生产效率。建立性能指标和数学模型是一种有效的方法，用于监测工艺装备的性能并识别问题。这有助于企业及时采取措施，改进生产流程，提高生产效率，降低成本，确保设备的可靠性和持续性。这对制造业来说是至关重要的，有助于维护竞争力和提高产品质量。

二、故障诊断方法

故障诊断方法是为了准确和迅速地确定工艺装备故障原因而采用的一系列技术和程序。这些方法包括可视检查、传感器数据分析、设备历史记录审查和试验性操作。可视检查是通过物理检查设备以查看损坏、磨损或不正常的迹象。传感器数据分析包括监测设备的传感器数据，以检测异常值或趋势。设备历史记录审查涉及查看以前的故障报告和维护记录。试验性操作包括通过操作设备来测试不同的功能和部件。这些方法的综合应用有助于迅速确定故障原因，以便采取适当的修复措施，减少生产中断和维护成本。

（一）标准化检查和测试

建立标准化的检查和测试程序对于工艺装备的维护和故障诊断至关重要。这些程序应该明确列出需要检查的关键部件和性能参数，并规定检查的时间间隔和方法。通过定期的检查，可以及早发现潜在的问题，防止小问题演变成大故障，从而降低维修成本和生产停机时间。在制定这些标准程序时，需要考虑工艺装备的特点和使用环境。不同类型的设备可能需要不同的检查方法和频率。还可以利用先进的传感技术和监测设备，实现实时监测和自动化检查，以提高效率和准确性。标准化的检查和测试程序有助于确保工艺装备的可靠性和性能，同时也有助于提前发现潜在问题，降低维护成本，保障生产线的稳定运行。这对制造企业来说至关重要，可以提高生产效率，降低生产成本，提高产品质量，增强竞争力。

（二）根本原因分析

一旦发生故障，根本原因分析是为了深入了解问题，以确定导致故障的根本原因。这个过程是非常关键的，因为它可以帮助预防将来类似问题的再次发生。根本原因分析涉及系统性的方法，确定故障的具体症状和表现。这包括收集和记录故障的详细信息，如时间、地点、设备状态和异常情况。通过使用各种工具和技术，识别可能的根本原因。这可能涉及对设备进行详细的检查、数据分析、故障模式分析和故障树分析等方法。对可能的根本原因进行进一步的排除和验证。这可能需要进行实验、测试和模拟，以确定导致问题的真正原因。

一旦确定根本原因，就可以采取相应的纠正措施。这可能包括修复设备、改变工艺流程、加强培训等，以确保问题不再发生。进行监测和追踪，以确保采取的纠正措施是有效的，并且问题不会再次出现。根本原因分析不仅可以帮助解决当前的故障，还可以提高工艺装备的可靠性和稳定性，降低未来故障的风险，提高生产效率和产品质量。这是一个持续改进的过程，有助于保持生产设备和工艺流程的高效运行。

（三）预防性维护

为了减少工艺装备故障的发生，预防性维护措施是至关重要的。这包括定期更换零件、清洁设备、校准传感器等一系列操作，以确保设备的正常运行和性能稳定。定期更换零件是一项重要的预防性维护措施。机械设备通常会因零件的磨损而导致故障，因此定期更换关键零部件，如轴承、密封件、皮带等，可以防止突发故障的发生。设备的清洁和维护也是预防性维护的一部分。保持设备的清洁可以防止尘埃和杂质进入机器，减少摩擦和磨损。定期检查设备的润滑情况，确保润滑油或润滑脂的及时更换，有助于减少机械部件的磨损。校准传感器和控制系统也是关键的预防性维护措施。准确的传感器和控制系统可以确保设备运行在稳定的工作条件下，避免误差和故障的发生。预防性维护措施是确保工艺装备长期稳定运行的关键。通过定期更换零件、清洁设备、校准传感器等操作，可以降低故障率，提高设备的可靠性，减少生产线的停机时间，提高生产效率，降低维护成本，确保产品质量。这对制造企业来说具有重要意义，有助于提高竞争力和市场份额。

三、故障诊断应用领域

故障诊断技术在广泛的应用领域中发挥着关键作用。在制造业中，它用于监测和维护生产设备，以确保生产过程的稳定性和效率。在航空航天领域，它被用来监测飞机引擎和航空器的状态，确保安全飞行。在汽车工业中，故障诊断可用于汽车引擎和车辆系统的性能监测。在能源领域，它用于电力设备的监测和电网管理。医疗设备领域也广泛应用故障诊断技术，以确保医疗设备的正常运行和患者的安全。总之，故障诊断技术在各个领域中都有关键作用，有助于提高设备的可靠性、安全性和性能。

（一）制造业

工艺装备故障诊断在制造业中非常重要，它扮演着确保生产线持续运行和维护产品质量的关键角色。通过及时识别、定位和解决故障，制造企业可以降低停机时间、减少生产成本，提高效率和产品质量。故障诊断方法涉及数据采集和监测。企业可以使用各种传感器和监测系统来实时监测工艺装备的状态和性能。这些数据可以包括温度、压力、振动、电流、电压等参数。通过持续收集和分析这些数据，可以检测到设备异常和性能下降的迹象。故障诊断方法还包括数据分析和处理。利用统计分析、机器学习和人工智能等技术，可以识别和量化设备故障模式。例如，通过分析历史数据，可以建立模型来预测设备的寿命或故障概率。当模型检测到异常时，可以发出警报并采取措施。故障诊断方法可以帮助企业及早发现潜在问题并采取预防性维护措施。这包括定期检查设备、更换零部件、校准传感器、清洁设备等。通过预防性维护，可以减少突发故障的发生，降低维修成本，延长设备寿命。工艺装备故障诊断是制造业中至关重要的环节，它有助于确保设备的可靠性、持续生产和产品质量控制。通过采用先进的监测和分析技术，制造企业可以更好地管理其生产设备、提高生产效率、降低故障风险、保持市场竞争力。这对制造业来说是不可或缺的一环。

（二）能源领域

在能源生产和分配领域，故障诊断发挥着重要作用，可以用于监测和维护发电厂、输电线路和变电站的状态，以提高能源效率和可靠性。发电厂的故障诊断可以通过监测关键设备，如涡轮机、发电机和锅炉，来及时发现潜在问题。通过实时数据采集和分析，可以检测异常振动、温度升高或电压波动等迹象，有助于预测设备故障并采取维护措施，以避免停机时间和能源损失。输电线路和变电站的故障诊断可以通过监测电流、电压和温度等参数，来检测线路或设备的问题。这有助于快速定位故障点，减少停电时间，提高能源分配的可靠性。还可以利用高级故障诊断技术，如红外热像仪和遥感监测，来进行远程故障诊断。这些技术可以检测到潜在的热点或火线，有助于预防火灾和设备损坏，提高能源系统的安全性。故障诊断在能源生产和分配中扮演着关键的角色，可以提高能源效率、减少损失和确保供电的可靠性。通过及时发现和处理问题，能源行业可以更有效地满足日益增长的能源需求，同时降低对环境的不利影响。

（三）运输和物流

运输和物流行业可以通过故障诊断来监测车辆、飞机、船只和仓库设备的性能，以确保货物的安全和及时交付。故障诊断是一种关键的技术，它能够检测和预测设备或车辆的潜在故障，从而帮助提高运输和物流过程的效率和可靠性。故障诊断系统通常利用传感器来监测设备的运行状况，包括温度、压力、振动等参数。当系统检测到异常情况或潜在的故障迹象时，它会立即发出警报，以便运营团队可以采取适当的措施来防止故障的发生。这种实时监测和预警系统有助于减少设备停工时间，提高维护的及时性，降低维修成本，确保货物的安全和按时交付。

故障诊断还可以通过数据分析和机器学习算法来识别设备和车辆的潜在问题，甚至可以进行预测性维护。这意味着运输和物流公司可以在问题变得严重之前采取措施，从而减少了不必要的维修和停工时间，提高了整体运营效率。利用故障诊断技术来监测运输和物流设备的性能，对于确保货物的安全和及时交付至关重要。这种技术有助于提高设备可用性，降低运营成本，提高客户满意度，是现代物流行业不可或缺的一部分。

工艺装备的故障诊断技术与方法有助于提高设备的可靠性、延长寿命和降低维护成本。通过及时检测和诊断故障，制造企业和其他行业可以保持生产连续性，提高效率，并减少不必要的停工和维修时间。

第二节　预防性维护与保养策略

预防性维护和保养策略对于工艺装备的可靠性和持久性至关重要。这种策略包括定期的检查、润滑、清洁和零部件更换，以防止设备故障和减少未计划的停机时间。通过预防性维护，可以提前发现潜在问题并进行修复，延长设备的寿命，减少生产中断，降低维护成本，提高生产效率和质量。这一策略需要精心制定和执行，以确保工艺装备始终处于最佳工作状态。工艺装备的预防性维护与保养策略对于确保设备的可靠性、延长使用寿命和降低维修成本至关重要。

一、预防性维护策略

工艺装备的预防性维护策略是确保生产设备可靠性和稳定性的关键措施。要建立定期巡检和监测机制，以及设备运行数据的记录和分析系统，以及制订维护计划。根据设备的使用频率和环境条件，制定合适的维护周期，包括日常维护、定期维护和大修维护。另外，要培训维护人员，提高他们的技能和意识，确保他们能够及时发现和处理设备故障。采用先进的维护技术，如预测性维护和故障诊断系统，以提前发现潜在问题，减少突发故障。总之，维护策略应根据设备特点和生产需求制定，保障生产线的稳定运行，提高生产效率。

（一）定期检查与保养

确立定期的检查和保养计划至关重要，其中包括清洁、润滑、紧固和校准等关键活动。这一系列维护措施对于维护设备的正常运行状态至关重要。清洁操作有助于去除积尘、污垢和杂质，保持设备内部和外部的清洁。润滑确保机械部件之间的顺畅运转，减少磨损和摩擦，延长零部件的使用寿命。紧固操作有助于防止松动和松脱，减少振动和噪声，维护设备的结构完整性。校准操作是为了确保设备的测量和控制系统的准确性和稳定性。综合而言，这些维护活动是保障设备长期可靠运行的基石。

（二）预防性零件更换

根据设备制造商的建议或历史维护数据，制定定期更换易损件的策略至关重要，以预防它们的潜在失效。设备制造商通常会提供维护建议，包括零部件的寿命和更换频率。历史维护数据也提供了有关零部件的使用寿命和维护需求的重要见解。

定期更换易损件有助于防止它们在使用过程中达到失效临界点，从而减少突发故障的风险。这种策略可以降低生产中断的可能性，提高设备的可靠性和稳定性。定期更换易损件还有助于维护设备的性能水平，确保其在长期运行中保持高效和准确。因此，根据制造商建议或历史数据的指导，定期更换易损件是维护设备的关键步骤之一，有助于提高生产效率和延长设备寿命。

（三）设备健康监测

使用传感器和监测系统来实时监测设备的性能是一种关键的预防性维护方法，它可以帮助您及早发现潜在问题，降低设备故障的风险，延长设备的寿命。

1. 选择合适的传感器。不同的设备可能需要不同类型的传感器来监测不同的参数，比如振动、温度、电流、压力等。确保选择适合设备类型和性能要求的传感器。

2. 数据采集和传输。传感器将采集到的数据传输到监测系统。这可以通过有线或无线方式实现，具体取决于设备的位置和布局。使用适当的通信协议和技术确保数据能够及时、可靠地传输。

3. 实时数据分析。监测系统应该能够实时分析传感器数据，并根据预设的阈值或算法检测异常情况。这可以帮助您及早发现设备性能下降或潜在故障的迹象。

4. 报警和通知。一旦监测系统检测到问题或异常，应该能够自动发出警报或通知相关人员。这可以通过电子邮件、短信、手机应用程序等方式进行通知。

5. 历史数据存储和分析。监测系统还应该能够存储历史数据，以便进行趋势分析和性能评估。这有助于制订更有效的维护计划和决策。

6. 维护计划优化。基于监测系统的数据，您可以制订更精确的维护计划。不再需要定期维护，而是在需要时进行维护，以减少停机时间和维护成本。

7. 可视化界面。为了方便操作和监视，监测系统通常提供用户友好的可视化界面，让操作人员能够轻松地查看设备性能数据。

8. 定期校准和维护。确保传感器的准确性非常重要，因此定期校准和维护传感器以保持其性能是必要的。

综上所述，通过建立一个全面的传感器和监测系统，可以大大提高设备性能的可靠性和可维护性，降低了潜在问题带来的风险，同时也能够节省时间和成本。这对许多行业，特别是制造业和设备重要性关键的领域来说，都是非常有价值的做法。

二、保养策略

工艺装备的保养策略是确保设备长期稳定运行的关键方法。需制订规范的设备维护计划，包括定期检查、润滑和零部件更换。维护人员应具备专业技能，能够快速定位和解决问题。另外，采用有效的预防性维护，定期检测设备磨损和老化迹象，以提前更换磨损部件。保养过程应有记录和数据分析，以识别潜在问题，进行改进。总体而言，保养策略应适应设备类型和工艺需求，确保设备高效运行，延长寿命，减少生产中断。

（一）设备记录和文档管理

确立设备的全面记录和文档管理体系是维护设备的重要一环，其中包括设备规格、维护历史、维修报告等关键信息的记录和管理。这个体系的建立对于跟踪设备状态和维护历史至关重要。设备规格的详尽记录包括设备的技术参数、设计特点和性能指标，为维护人员提供了深入了解设备的基础。维护历史的记录则包括定期维护、紧急维修和替换零部件的详细信息，有助于分析设备的使用情况和维护需求。维修报告包含了维护过程中出现的问题、采取的措施和维修效果，为未来维护提供了宝贵的经验教训。这一管理体系的建立有助于提高设备的可追溯性和透明度，确保维护活动的记录完备和准确。这不仅有助于迅速识别潜在问题，还有助于合理制订维护计划和进行资源分配。总之，建立设备的完整记录和文档管理体系是维护设备的关键步骤之一，有助于确保设备的稳定运行和延长寿命。

（二）培训与技能提升

为确保维护团队能够高效履行其职责，至关重要的一步是确保团队成员具备必要的技能和知识。提供培训机会。持续的培训计划可以帮助团队成员了解新技术、新设备以及最佳的维护实践。培训包括课堂培训、在线学习、研讨会和独立学习，以满足不同学习风格和需求。提供技能提升机会。维护领域不断发展，因此团队成员需要不断提升其技能和知识水平。为他们提供机会参与专业认证、工作坊、研究项目和行业会议等，以保持竞争力并跟上最新的趋势。建立知识共享和经验传承机制。在团队内部创建知识库，记录和分享成功的维护实践、故障处理经验及设备特点。这有助于新成员迅速融入团队，并借鉴前人的经验。鼓励团队成员参与问题解决和持续改进。为他们提供参与项目、提出建议和分享反馈意见的机会，以促进知识共享和团队合作。维护团队的技能和知识水平的提高不仅有助于确保设备的高效运行和维护，还可以提高生产效率，降低维修成本，增强团队的自信心和专业性。因此，为维护团队提供培训和技能提升机会是维护管理的重要组成部分。

（三）备件库存管理

建立有效的备件库存管理系统对确保设备的可用性和减少停机时间至关重要。需要对设备进行仔细的备件需求分析。这意味着需要了解每种设备的关键部件和常见故障模式。通过历史数据和设备维护记录，可以确定哪些备件是高频使用的，哪些备件容易损坏或磨损。建立合理的备件库存级别。这包括确定安全库存水平，以确保即使在供应链出现问题或紧急情况下，也有足够的备件供应。还需要考虑订购批量和经济订购量等因素，以降低库存成本。采用现代化的库存管理工具和软件。这些工具可以帮助跟踪库存水平、自动触发订购、优化库存位置和提供实时数据分析。这有助于提高库存管理的效率和准确性。建立供应商关系，确保备件供应商能够及时提供高质量的备件。与可靠的供应商建立长期合作关系，可以提高供应链的稳定性和可靠性。实施定期的库存审查和优化。随着设备和生产流程的变化，备件需求也会发生变化。因此，定期审查库存，识别不再需要的备件，更新需求预测，并根据最新的情况进行库存调整是至关重要的。建立有效的备件库存管理系统是确保设备可用性和减少停机时间的关键步骤。它可以提高生产效率，降低维护成本，并确保生产线的顺畅运行。

（四）设备更新和升级

定期评估设备的性能和技术状态是维护设备的关键措施之一，这包括考虑设备的更新或升级，以确保设备保持竞争力和可靠性。评估性能涉及监测设备的运行效率、输出质量及资源利用情况。这有助于确定是否存在性能下降或效率损失的问题。技术状态评估包括设备的物理状态、磨损程度以及技术配备的现代性。通过技术状态评估，可以及时发现设备的老化和损坏。考虑设备的更新或升级是为了跟随技术进步和市场竞争的变化。这包括替换旧设备、增加自动化程度、提升设备的生产能力或改进能源效率。通过更新或升级，可以提高设备的性能、降低维护成本，同时确保设备能够满足不断变化的市场需求。定期评估设备性能和技术状态，以及考虑设备的更新或升级，是确保设备保持竞争力和可靠性的必要步骤。这有助于维护设备在生产中的竞争地位，提高效率，减少故障，确保生产线的平稳运行。

预防性维护和保养策略是制造企业的关键举措，有助于实现多方面的好处，提高整体竞争力。预防性维护策略可以显著延长工艺装备的使用寿命。通过定期检查和维护设备，可以防止设备因常见故障而提前损坏。这不仅延长了设备的寿命，还减少了需要更换设备的频率，降低了资本投资成本。预防性维护有助于减少生产停机时间。在计划的维护窗口内进行维护，可以避免设备突发故障导致的未预期的停机。这对生产流程的连续性和可靠性至关重要，有助于生产计划的顺利执行。预防性维护策略可以降低维护成本。定期检查和维护通常比应急维修更经济，因为它们可以在问题恶化之前及时识别和解决。这减少了维修所需的工时和材料成本。预防性维护有助于保护产品质量。设备的正常运行状态和性能稳定性对产品的制造过程至关重要。通过定期维护设备，可以确保其在规定的性能范围内运行，从而保证了产品的一致性和质量。这些策略还有助于保护设备投资。现代工艺装备通常是昂贵的资产，通过预防性维护和保养，可以延长它们的寿命，最大化利用它们的潜力，并最大限度地减少提前报废的风险。预防性维护和保养策略在制造业中具有重要地位，它们不仅有助于提高设备的可用性和性能，还有助于减少维护成本、保护产品质量和保护设备投资。通过采取这些策略，制造企业可以提高整体竞争力，更好地满足市场需求。

第三节　故障处理与紧急维修

工艺装备的故障处理和紧急维修是制造业中不可或缺的环节，关系着生产线的连续性和生产计划的顺利执行。当装备发生故障时，首要任务是迅速停止受影响的设备，以确保安全性。接下来，需要进行快速的故障诊断，确定故障的原因和性质。一旦故障原因明确，就可以制订紧急维修计划。这包括调配维修人员和所需工具，以及准备必要的备件和材料。在维修过程中，团队需要密切合作，确保工作高效有序进行。维修人员应遵循相关的安全规程，穿戴适当的个人防护装备。紧急维修的目标是尽可能快速地将设备恢复到正常运行状态，以减少生产中断时间。一旦维修完成，必须进行测试和验证，以确保设备安全可靠地运行。随后，需要进行故障分析，了解故障的根本原因，以避免将来类似的问题发生。工艺装备的故障处理与紧急维修需要高效协作、快速响应和专业知识。它们是确保生产连续性和设备可靠性的重要步骤，对于维护制造业的竞争力至关重要。工艺装备的故障处理与紧急维修是确保设备连续运行的关键部分。

一、故障处理方法

在面对设备或系统故障时，采取正确的故障处理方法至关重要。必须迅速停机以确保安全。然后，进行故障定位，通过检查设备、传感器和数据记录来识别故障源。一旦确定故障原因，采取适当的修复措施，可能需要更换零部件或进行维修。修复后，进行测试和验证以确保设备正常运行。进行记录和分析，以了解故障的根本原因，并采取预防措施。这种系统性的故障处理方法可以帮助减少停机时间，提高设备可靠性，降低维护成本。

（一）故障诊断

在故障处理过程中，首要任务是快速而准确地识别故障的类型和根本原因。为了实现这一目标，需要采取一系列措施。对设备或系统进行仔细地观察，检查是否存在任何可见的异常现象，如异常声音、异味或异常振动。查看设备上的报警信息，如果有的话，记录下来并进行分析。同时，通过实时监测系统收集的数据，查看是否有异常的趋势或异常数值，这可能有助于确定故障的性质。与设备的操作人员进行沟通，了解他们在故障发生时的观察和感觉，这也可以提供有用的线索。这些措施有助于快速地确定故障类型，为后续的修复工作提供有力的指导。

（二）故障分析

一旦确认故障存在，必须展开深入分析，以深刻理解故障的根本原因。这包括对设备文档的仔细查看，以熟悉设备的设计、工作原理和规格。同时，要彻底审查历史维护记录，以确定是否存在潜在的问题或相关的维护活动。使用根本原因分析工具是非常重要的，这包括鱼骨图、故障树分析或五为法等方法，有助于识别问题的根本起因。通过分析故障的各个方面，包括机械、电气、软件等，可以找到引起故障的根本原因，而不仅仅是表面的症状。

这种深入分析的目的是确保故障不再发生，并采取适当的措施来预防未来的问题。这不仅有助于修复设备，还可以提高设备的可靠性和性能，降低维护成本，确保生产线的连续运行。总之，深入故障分析是维修工作中的重要一步，有助于提高设备的稳定性和效率。

（三）故障分类

将故障分为紧急和非紧急是一个有效的策略，有助于优先考虑和处理最关键的问题，提高设备和生产线的可用性和效率。对紧急故障的识别和处理可以确保关键设备的连续运行。这些故障可能会导致生产停机、生产线中断或产品质量问题。通过立即应对紧急故障，可以最小化生产中断的时间，避免产生不必要的损失和成本。对紧急故障的处理也可以提高安全性。某些故障可能会对员工的安全构成威胁，因此需要立即采取措施来消除潜在的风险。这包括机器停止、泄漏或其他紧急情况。紧急故障处理有助于降低维护成本。如果不及时处理紧急故障，问题可能会恶化，导致更严重的损坏和更高的修复成本。通过迅速采取行动，可以防止问题的进一步升级。

对于非紧急故障，可以根据可用的资源和时间表来制订维护计划。这样可以更好地安排维护工作，确保不会干扰到生产计划。非紧急故障的处理也可以根据设备的使用频率和关键性来制定优先级，以最大化提高设备的可用性。将故障分为紧急和非紧急是一种有效的管理方法，有助于优先处理最关键的问题，提高设备和生产线的可用性、效率和安全性。这可以确保生产流程的连续性，并最大化地减少生产中断和维护成本。

二、紧急维修步骤

在面对紧急维修时，需立即采取措施。迅速确认故障，切勿推迟。安全至上，确保维修人员具备必要的防护装备和培训，遵循安全规程。然后，隔离故障设备以防止发生进一步损害或危险。紧接着，准备好所需的工具和备件，确保维修能够高效进行。在维修过程中，专注于问题核心，遵循维修流程。进行测试和验证，确保设备恢复正常运行。总之，紧急维修要快速、安全、有序，以最小化生产中断和降低风险。

（一）制订应急计划

当设备故障发生时，应急计划是确保迅速而有序处理故障的关键。这一计划应该在事前制订。

1. 人员调度。明确谁将参与故障处理工作，包括维修人员、操作人员、工程师等。确保这些人员能够迅速到达现场，并协同工作。

2. 资源准备。确保所需的工具、备件和设备都处于可用状态。这可能包括备用零件、工具箱、维修设备等。准备足够的资源可确保故障修复能够顺利进行。

3. 详细步骤。明确故障处理的详细步骤，包括诊断、拆卸、维修、更换零件、重新装配和测试等。步骤应该按照逻辑顺序排列，以确保每个阶段都能够正确执行。

4. 安全措施。确保工作人员明白安全措施，并在操作中严格遵守，以防止进一步的事故或伤害。

5. 通信计划。建立有效的通信渠道，确保团队成员之间和与其他相关人员之间能够及时沟通。这包括报告故障的状态和进展，以及寻求必要的支持或协助。

6. 文件记录。维护详细的记录，包括故障诊断、维修步骤、更换的零件、维修时间等信息。这些记录对于事后分析和未来预防故障都很重要。

7. 培训和准备。确保团队成员接受了必要的培训，了解应急计划的执行方式。进行模拟演练，以确保团队在紧急情况下能够高效协作。

应急计划的制订和执行是维护工作中的关键环节，它可以最大化减少停机时间并确保设备尽快恢复正常运行。

（二）安全优先

维护过程中，维修人员和操作人员的安全始终是最高优先事项。在维修开始之前，必须切实采取一系列必要的安全措施，以确保人员不受伤害。关闭设备的电源是维修安全的首要步骤。这可以有效防止电击、火灾等电气危险。同时，隔离危险区域也是至关重要的。维修人员应确保他们只在设备停机且安全状态下才能接近故障区域。佩戴适当的个人防护装备，如安全帽、护目镜、手套等，是维修人员的必备措施。维修人员应经过相关培训，了解维修过程中的风险和应急处理措施。进行安全检查和审核，确保所有安全措施得以遵守。这包括确保工具和设备的可靠性，以及熟悉应急停机程序，以便在出现意外情况时能够迅速采取行动。确保维修人员和操作人员的安全是维修工作的核心职责。通过采取适当的安全措施，可以最大化降低维修过程中的风险，保护人员的生命和健康。

（三）快速响应

尽快响应故障报警并迅速到达故障现场是维护和修复工程装备的关键举措，它对于降低生产停机时间和维护成本非常重要。迅速响应故障报警有助于最小化生产停机时间。一旦故障发生，及时的响应意味着问题可以更早地得到解决，从而减少了生产线停工的时间。这对于维持生产计划和交货时间至关重要，可以避免损失订单和客户的信任。迅速到达故障现场可以加速故障诊断和修复过程。维护人员可以立即开始检查设备，确定问题的性质和原因，并采取适当的措施进行修复。这不仅减少了故障排查的时间，还降低了维护工作的复杂性。迅速响应故障还有助于防止问题的进一步恶化。有些故障可能会因不及时处理而导致更严重的损坏，需要更长时间和更多成本来修复。通过及时到达现场，可以在问题扩大之前采取措施，避免了潜在的危险和额外的维护费用。迅速响应故障报警可以提高设备和工作人员的安全。某些故障可能会对员工的安全构成威胁，如机器故障或泄漏。快速响应故障可以降低潜在的风险，确保工作环境的安全性。尽快响应故障报警并迅速到达故障现场是一项关键的维护实践，有助于最小化生产停机时间、降低维护成本、提高安全性和确保设备的可用性。这对制造企业来说至关重要，可以确保生产过程的连续性和效率。

三、维修后处理

维修后的处理是确保设备或系统在维修后能够安全、有效地重新投入运行的关键步骤。进行严格的测试和验证，以确保维修工作得以成功完成，设备正常运转。随后，进行详细的记录和文档化，包括维修步骤、更换零件、测试结果等信息。这些记录对于未来的维修和维护至关重要。进行性能监测，密切关注设备的运行状况，以确保维修后没有新的问题出现。维修后的处理确保了设备可靠性，减少了潜在风险，有助于提高生产效率和质量。

（一）记录维修过程

维修人员的详细记录在故障处理和维护工作中起着至关重要的作用。这些记录不仅有助于确保维修工作的迅速而有效执行，还为未来的维护和故障分析提供了宝贵的信息。

1. 故障诊断。记录对故障的诊断过程，包括观察设备状态、检查监测数据、分析报警信息及与操作人员的交流。详细的故障诊断记录可以帮助确定问题的根本原因。

2. 维修步骤。详细记录维修步骤，包括拆卸、更换零件、清洁、校准等。每个步骤都应按照顺序进行，并包含足够的信息，以便其他维修人员或未来的维修工作能够理解和遵循。

3. 使用的零件和材料。记录使用的所有零件、备件和材料的信息，包括零件的名称、型号、数量及材料的批号或规格。这可以确保维修工作使用了正确的部件，并且在需要时可以轻松地重新订购。

4. 维修时间。记录每个维修步骤和整个维修过程的时间。这有助于评估维修工作的效率，并在未来的维护计划中提供时间估算。

5. 安全措施。记录在维修过程中采取的安全措施，以确保工作人员的安全。这包括使用个人防护设备、遵守操作规程以及处理危险物质的方法。

6. 维修人员签名。每个维修步骤的执行人员应在记录中签名，以确认他们的参与和责任。这有助于建立责任链和追踪维修的执行者。

7. 图纸和文档。在记录中引用相关的工程图纸、设备手册或维修指南，以提供额外的参考和依据。

维修记录的详细性和准确性对于设备的正常运行和维护管理至关重要。这些记录不仅对当前的维修工作有帮助，还为将来的维护决策和性能分析提供了宝贵的数据和历史记录。

（二）设备测试

维修完成后，进行设备测试和校准是不可或缺的步骤，以验证设备已经成功修复并恢复到正常运行状态。这个过程确保设备在投入运营前达到可靠性和性能的要求。进行功能测试，以确认设备的各个组件和系统是否正常运行。这包括检查设备的启动、停止、运转和控制功能，以确保其工作如期完成。同时，还需要进行负载测试，验证设备在实际工作条件下的性能。校准是确保设备准确测量和控制的重要步骤。根据设备类型和用途，可能需要对传感器、仪表、控制系统等进行校准，以确保它们能够提供准确的数据和控制。

维修结束后的测试和校准工作应严格遵循相关标准和程序，以保证结果的可靠性。如果测试和校准过程中出现问题，必须及时识别和解决，直到设备满足预定要求。设备的成功测试和校准意味着它已经准备好重新投入生产，而不会引发新的问题或故障。这有助于确保生产线的稳定性和可靠性，提高生产效率，降低维护成本。因此，测试和校准是维修工作的不可或缺的步骤，对设备性能的验证至关重要。

（三）预防性维护

通过分析故障原因并采取相应的预防措施，可以有效地提高工程装备的可靠性和延长其使用寿命。分析故障原因有助于识别潜在的问题源。通过深入了解故障的根本原因，可以识别可能存在的设计缺陷、材料问题或操作不当等问题。这为采取预防措施提供了有力的依据。更频繁的检查和定期的维护是一种有效的预防方法。定期的维护可以帮助发现和修复潜在问题，防止它们恶化并导致故障。维护也包括润滑、清洁、部件更换和校准等任务，以确保设备的正常运行。升级设备和系统也是一种有效的预防措施。随着技术的不断进步，新的设备和技术可能更可靠、更高效，同时还具有更好的故障诊断和监测功能。因此，考虑将旧设备升级为新设备是一个明智的选择。培训操作人员和维护人员也是预防故障的关键。确保他们具备必要的技能和知识，可以正确操作和维护设备，避免人为错误导致的故障。建立一个系统的故障报告和记录系统，可以追踪和分析故障的发生频率和性质。这有助于识别重复性问题和趋势，以便采取更有针对性的预防措施。通过分析故障原因并采取预防措施，可以降低工程装备的故障率，提高设备的可用性和性能，减少维护成本，从而确保生产过程的连续性和效率。这对制造企业来说是非常重要的，可以保护设备投资并提高整体竞争力。故障处理与紧急维修是维护设备可靠性的重要环节，它们要求快速而有效的响应，以减少生产停机时间和生产损失。维修团队应具备必要的技能和培训，以有效地应对各种故障情况，确保设备能够快速恢复正常运行。

第四节　远程监控与远程维护技术

工艺装备的远程监控与远程维护技术是现代制造业的重要组成部分。通过使用远程监控技术，企业可以实时监测设备运行状态、性能指标和生产数据，无论其位置在何处。这种实时数据的可用性使企业能够快速响应问题，预测设备故障，并采取及时的措施，从而降低生产中断和维修成本。远程维护技术允许专业技术人员远程访问设备，诊断问题，并提供远程支持，减少了维修时间和维修人员的需求。总的来说，这些技术提高了工艺装备的可用性和效率，有助于提高生产效率和降低维护成本。工艺装备的远程监控与远程维护技术在现代制造业中扮演着重要的角色，可以提高生产效率、减少停机时间和降低维护成本。

一、远程监控技术

工艺装备远程监控技术是一种先进的方法，用于监测和管理工业设备和生产过程，实现实时数据的远程收集、分析和控制。这项技术基于互联网、传感器和数据通信，允许操作人员在远程位置实时监视设备的状态、性能和运行情况。远程监控技术可用于各种应用领域，如制造业、能源生产、物流和基础设施管理。它提供了许多优势，包括降低维护成本、提高生产效率、及时发现问题并采取措施，以确保设备的可靠性和运行稳定性。这种技术的广泛应用正在推动工业自动化和智能制造的发展。

（一）传感器和监测系统

为了实现工艺装备的远程监控，首要任务是在装备上安装合适的传感器和监测系统。这些传感器可以涵盖多个关键性能参数，如温度、压力、振动、电流和电压等。这些传感器将不断收集工艺装备的数据，并将其通过网络传输到专门的监控中心。这些传感器的选择和安装位置至关重要，因为它们需要准确地捕捉到工艺装备的运行状况。温度传感器可以监测装备是否过热，压力传感器可以检测到压力异常，振动传感器可以捕捉到振动频率，而电流和电压传感器则有助于检测电气问题。一旦数据传输到监控中心，高度自动化的系统将对这些数据进行实时分析和解释。如果发现任何异常或潜在的故障迹象，系统将立即发出警报，以通知相关人员采取必要的行动。这种实时监测系统有助于提前发现问题，减少设备停机时间，提高生产效率，同时还能够提供历史数据用于性能分析和预测，进一步优化工艺装备的运行。

（二）远程数据采集与传输

借助远程数据采集设备和通信技术，我们能够将设备的实时数据迅速传送至中央监控系统。这通常依赖于云计算和物联网技术，以确保数据的实时传输和安全存储。通过使用远程数据采集设备，我们能够实时监测设备性能、工作状态和传感器数据。这些数据会通过通信技术传输到中央监控系统，使监控人员能够随时了解设备情况。云计算技术允许数据在云端存储，保障了数据的可用性和安全性。同时，物联网技术确保设备能够连接到互联网，实现数据的实时传输和远程访问。这一技术组合使设备管理更加智能化和高效化。通过实时数据，可以进行远程诊断和故障预测，提前发现潜在问题，降低维修成本，减少生产中断。总之，远程数据采集和通信技术在工业领域的应用，带来了更高的生产效率和可靠性。

（三）数据分析与可视化

在监控中心，数据分析和可视化工具发挥着关键作用。这些工具允许工程师和操作人员有效地处理和分析传感器数据，提供了多方面的帮助来确保系统正常运行并在需要时采取措施。数据分析工具可以实时监测传感器数据，检测异常情况。通过与事先设定的阈值进行比较，工程师可以迅速识别潜在问题，如温度升高、压力异常或电流波动。这种即时的警报系统有助于提前发现问题，减少了设备故障和停机的风险。可视化工具将传感器数据以图形和图表的形式呈现出来，使工程师和操作人员能够更容易地理解数据。通过实时图形界面，他们可以清晰地看到设备的状态和性能趋势。这有助于快速决策，提高了问题识别的速度和准确性。数据分析工具还可以进行更深入的数据挖掘，识别潜在的问题模式和趋势。通过分析历史数据，工程师可以发现设备在特定条件下容易出现故障的模式，从而采取预防措施，防止未来的问题发生。监控中心的工作人员可以通过这些工具进行远程控制和干预，如调整设备参数、远程开关和重启设备。这种实时响应能力有助于降低设备故障对生产过程的影响，确保系统的可靠性和稳定性。数据分析和可视化工具在监控中心的应用使工程师和操作人员能够更加敏锐地感知问题、更快速地做出决策，并采取必要的措施，从而提高了工艺装备的可用性和性能。这对于各个领域的生产和运营都具有重要意义。

二、远程维护技术

工艺装备的远程维护技术是一种先进的方法，通过远程通信技术，实现对设备的监控、诊断和维护。此技术允许专业技术人员远程访问设备，检查性能数据和传感器反馈，识别潜在故障或问题。他们可以实时调整参数、提供远程指导，甚至进行远程修复，减少设备停机时间和维修成本。这提高了设备的可靠性、降低了故障风险，也减少了人为错误。远程维护技术已成为工业生产中不可或缺的工具，为设备管理带来了新的效率和可靠性。

（一）远程诊断和故障排除

工艺装备的远程监控技术还包括专家远程支持。通过远程连接，专家可以实时查看工艺装备的运行情况，并远程诊断设备故障。这种远程诊断技术使得专家无须到现场，就能够迅速识别问题的根本原因。专家可以通过远程连接与操作人员进行实时沟通，了解故障的详细情况，要求执行特定的测试或操作，以进一步确认问题。同时，专家可以访问历史数据和设备日志，以查找问题的线索。他们还可以提供详细的解决方案，包括维修步骤、零件更换建议及预防未来故障的建议。这种远程支持技术不仅可以提高故障诊断的速度和准确性，还可以减少专家的出差成本，节省时间和资源。它在工业领域中越来越受欢迎，特别是对于全球性的制造企业，可以快速响应设备故障，确保生产线的连续性和效率。

（二）远程控制和调整

远程维护系统的关键功能是允许工程师远程控制设备，进行参数调整和修复，从而有效减少了现场维修的需求。这一技术的优势在于可以迅速响应设备问题，无须等待维修人员到达现场，节省了宝贵的时间和资源。通过远程控制，工程师可以实时监视设备的运行情况，并根据需要进行参数调整，以确保设备在最佳状态下运行。在发生故障时，工程师可以立即采取措施，远程解决问题，减少了生产中断和维修成本。远程维护系统还提供了远程培训和技术支持的机会，使操作人员能够更好地了解设备，提高了设备的操作效率和维护能力。远程维护系统为设备管理提供了强大的工具，提高了设备的可靠性，降低了维修成本，增强了生产效率。这一技术已经成为现代工业领域不可或缺的一部分，对维护设备的竞争力和可靠性有着积极的影响。

（三）预防性维护计划

借助传感器数据和远程监控，制订预防性维护计划成为一种关键的策略，可以显著提高工艺装备的可靠性和性能，避免意外故障和停机带来的生产损失。传感器数据允许我们实时监测设备的运行状态。这意味着我们可以了解设备的性能水平、磨损程度和健康状况。通过分析这些数据，我们可以识别设备是否存在潜在的问题或异常情况，如过热、振动或压力波动。这使得我们能够提前发现可能的故障迹象，而不是等到设备完全失效。远程监控系统允许我们实时访问设备的运行数据和历史记录。这为我们提供了对设备性能的深入洞察，可以用来制订更加智能和个性化的维护计划。根据设备的具体情况，我们可以计划维护工作，包括更换零件、清洁和润滑，以确保设备在最佳状态下运行。预防性维护计划可以根据设备的实际运行情况进行优化。通过持续监测性能数据，我们可以调整维护计划的频率和内容，以确保在需要时进行维护，同时避免不必要的维护工作，从而降低了维护成本。预防性维护计划有助于最大程度地延长工艺装备的使用寿命。通过及时的维护和保养，我们可以减少设备的磨损和损坏，延长其寿命，降低了设备更换和维修的成本，同时确保了生产过程的连续性和可靠性。借助传感器数据和远程监控，制订预防性维护计划不仅有助于降低生产风险，提高设备性能，还能够减少维护成本，延长工艺装备的寿命，为企业创造更多的价值。这在现代工业中已经变得不可或缺。

三、远程监控与维护的应用领域

工艺装备远程监控与维护已广泛应用于多个领域，包括制造业、能源领域、医疗保健、交通运输等。在制造业中，远程监控可以实时跟踪生产线设备的状态，识别潜在问题，并迅速响应以减少生产停机时间。在能源领域，它用于监控电力设备和输电线路的运行状况，提高能源生产的效率和可靠性。在医疗保健中，远程监护设备可用于远程监测患者的健康状况。在交通运输领域，它用于监控交通信号灯、铁路信号系统和机场设备，以确保交通流畅和安全。这些应用领域表明远程监控与维护是提高效率、降低成本和增强安全性的关键工具。

（一）制造业

在制造业中，远程监控和维护已经成为一项关键的技术，它可以在多个方面提升生产效率和质量。远程监控允许生产管理团队实时监测生产线上的设备状态和性能。这意味着他们可以随时了解设备是否正常运行，是否存在任何异常情况，如温度过高、振动异常或压力波动。这种实时监控有助于预测潜在的故障，并采取及时的措施，以防止设备停机和生产中断。远程监控还可以用于优化生产计划。通过分析设备的运行数据和产能情况，生产计划可以根据实际情况进行动态调整。这意味着可以更好地利用资源，避免过剩或不足的生产，从而提高生产效率和资源利用率。远程监控还可以帮助企业更快速地响应故障和问题。一旦发生故障，远程监控系统可以发出警报，并立即通知维护团队。维护团队可以迅速定位问题，甚至可以远程进行故障诊断和修复，从而减少了设备停机时间和生产损失。最重要的是，远程监控和维护有助于实现预防性维护。通过定期监测设备的性能和健康状况，可以预测潜在的故障，并在故障发生之前采取措施。这降低了维护成本，延长了设备的寿命，同时提高了生产线的可靠性和稳定性。远程监控和维护在制造业中的应用领域广泛，它不仅提高了生产线的可视性和实时性，还有助于优化生产计划，快速响应故障，实现预防性维护，从而提高了制造业的竞争力和效率。这一技术趋势在数字化制造的发展中越发重要。

（二）能源领域

在能源生产和分配领域，远程监控技术扮演着关键角色，可用于实时监测发电厂、输电线路和变电站的状态，从而显著提高能源效率和可靠性。远程监控系统能够持续监测发电厂的运行状况，包括燃料消耗、发电效率和排放情况。这有助于优化发电过程，降低燃料成本，减少环境影响。同时，监控输电线路和变电站的状态可以实时监测电网的负荷、电压和频率，确保电能的高效传输和分配，减少能量损耗和电力故障。远程监控还可以帮助提前发现潜在问题，降低了维修和维护的成本。通过远程诊断和分析，工程师可以及时采取措施，避免设备故障和停机时间，提高了能源生产和分配的可靠性。远程监控技术在能源行业的应用，不仅提高了能源生产的效率和可靠性，还有助于减少环境影响，实现更加可持续的能源供应。这种技术在实现智能电力系统和能源管理方面发挥了重要作用，对未来的能源行业发展至关重要。

（三）运输和物流

远程监控技术在运输和物流行业中的应用非常广泛。通过安装传感器和监测系统，可以实时监测运输工具和仓库设备的性能，以确保货物的安全和及时交付。对于货运车辆，传感器可以监测车辆的速度、位置、油耗、引擎温度等数据。这些信息可以通过远程连接传输到监控中心，使运输公司能够实时跟踪车辆的位置和状态。如果出现异常情况，如车辆故障或延迟，监控中心可以立即采取措施，以确保货物的顺利交付。在航空和航海领域，远程监控系统可以监测飞机和船只的性能，包括引擎状态、航线、燃料消耗等。这有助于提高飞行和航海的安全性，减少潜在的风险。仓库设备的远程监控可以确保货物的存储和处理过程高效而安全。传感器可以监测仓库温度、湿度、货架状态等信息，以及货物的进出情况。这有助于避免货物损坏或丢失，并提高仓库管理的效率。远程监控技术在运输和物流领域中提供了更高的可视性和控制性，有助于提高货物运输的可靠性和安全性，减少潜在的问题和损失。它对于确保货物按时到达目的地及提供高质量的物流服务至关重要。

四、安全和隐私考虑

在设计和实施工艺装备远程监控系统时，必须充分考虑安全和隐私问题。安全方面，确保通信和数据存储采用高度加密和防护措施，以防止未经授权的访问和数据泄露。隐私方面，应明确数据收集和共享的目的，并遵守相关法规和法律，以保护个人和敏感信息的隐私权。对设备本身的物理安全也要加以考虑，以防止潜在的恶意入侵或破坏。安全和隐私是远程监控系统设计的重要因素，必须综合考虑，以确保系统的可靠性和用户的信任。

（一）数据安全

远程监控和维护系统的安全性至关重要，必须确保传输的数据是安全的，采取适当的加密和认证措施，以防止数据被未经授权地访问。数据传输必须使用强大的加密技术，如 SSL/TLS 协议，以确保数据在传输过程中被加密，难以被窃听或篡改。采用双向认证机制，确保远程设备和中央监控系统都可以验证对方的身份，防止恶意主体的入侵。系统应实施严格的访问控制策略，只允许经过授权的用户和设备访问数据和系统。多层次的身份验证和权限管理有助于限制访问权限，确保只有授权人员可以进行远程监控和维护操作。持续的安全审计和监控是必要的，以检测异常活动和潜在的安全漏洞。应制定应急响应计划，以迅速应对安全事件，减少潜在的损害。远程监控和维护系统的安全性措施是确保数据和设备的安全的关键因素。只有采取适当的安全措施，才能有效地保护系统免受潜在威胁和攻击，确保能源生产和分配的可靠性和稳定性。

（二）隐私保护

在远程监控和维护领域，尊重隐私和合规性是至关重要的。企业必须积极遵守隐私法规，并确保员工和客户的隐私得到充分的尊重和保护。数据收集必须经过适当的授权和审查。这意味着企业需要明确告知员工和客户他们的数据将被收集和使用的目的，并获得他们的明确同意。这可以通过制定隐私政策和条款来实现，确保数据采集是合法和合规的。数据的存储和传输必须进行安全保护。企业需要采取适当的技术和组织措施，以确保数据不会被未经授权的问、泄露或窃取。加密、访问控制和安全协议等措施都可以用来保护数据的安全性。数据保留和处理必须遵守法规要求。不同国家和地区可能有不同的数据保留和处理法规，企业需要了解并遵守适用的法律要求，包括数据保存期限和数据删除政策等。对于敏感数据的处理，如个人身份信息（PII）或商业机密，必须采取额外的保护措施。这可能包括匿名化或去标识化敏感数据，以降低潜在的风险。企业需要建立透明的隐私管理体系，并指定专门的隐私官员或团队，负责监督和管理隐私合规性。员工和客户也应该被告知如何报告任何隐私问题或担忧，以便及时处理。尊重隐私和合规性是远程监控和维护领域的基本原则。只有在遵守适用法规和尊重个人隐私的前提下，企业才能够充分利用这一技术，并建立可信赖的监控和维护系统。远程监控与远程维护技术是现代制造业中的关键工具，可以提高生产效率、降低成本和减少停机时间。然而，在实施这些技术时必须注意数据安全和隐私保护的问题，以确保设备监控和维护的合法性和可靠性。

第九章　环保与可持续性设计

第一节　环保要求与法规

环保要求与法规对企业的经营活动产生深远影响。它们涵盖了废物处理、排放标准、资源使用和生产过程等多个方面。企业必须密切遵守这些法规，以减少对环境的不良影响，降低法律风险，确保可持续经营。这包括采取减少废物和污染物产生的措施、改进生产过程以提高资源效率、投资环保技术和监测系统、积极参与环保合规审查和报告。同时，企业还需不断更新自身的环保政策和实践，以适应不断变化的法规和社会期望，实现可持续的环保目标。

一、环保法规的重要性

环保法规在现代社会中具有至关重要的作用。它们旨在保护自然环境、生态平衡和人类健康。通过设立标准和规定，环保法规确保企业和个人遵守环境保护的最低标准，减少污染和资源浪费。这些法规还鼓励技术创新和可持续发展，促使企业采用更环保的生产方式。环保法规有助于维护国际合作，因为环境问题通常跨越国界。最重要的是，环保法规为后代留下清洁和健康的生活环境，对可持续未来至关重要。因此，遵守和强制执行环保法规对保护地球和人类的未来至关重要。

（一）法规的背景与目的

环保法规的历史可以追溯到19世纪末和20世纪初，当工业革命引发了严重的环境问题。主要目的是减少工业和人类活动引起的环境污染，保护生态系统的稳定性和多样性，促进可持续资源利用，并维护人类健康。这些法规规定了排放标准、废物处理要求、自然保护措施和环境影响评估等。通过法规，政府强制执行环保标准，鼓励技术创新，促使企业采取更环保的生产方式，最终实现了生态平衡和可持续发展的目标。环保法规在全球范围内起到了关键作用，确保了环境的可持续性和人类社会的繁荣。

（二）法规的种类

环保法规涵盖了多个层次，包括国际、国家和地方性法规，以及多个领域，如空气质量、水质、土壤污染、废物管理和化学品管理等。国际环保法规主要包括国际协定和协议，如《巴黎协定》《垃圾船公约》等，旨在协调全球环境保护努力，解决全球性环境问题，如气候变化和跨境污染。国家环保法规由各国政府制定，涵盖了广泛的环境问题。例如，美国的清洁空气法和清洁水法规定了空气和水质标准，以减少污染。中国的环境保护法规定了土壤和水资源的保护标准。地方性法规则是地方政府制定的，通常用于处理地区性环境问题。这些法规可以根据当地环境状况和需求来制定，以更好地保护当地的生态系统和社区健康。不同类型的环保法规覆盖了各种环境领域，有助于限制排放、降低污染、保护自然资源，从而促进可持续发展。这些法规的实施有助于维护地球的生态平衡，减少环境破坏，为未来世代提供更好的生活条件。

（三）法规遵从的重要性

确保企业和组织遵守环保法规不仅仅是法律义务，更是一种社会责任和可持续经营的核心要素。遵守环保法规有助于减少负面环境影响，保护自然资源和生态系统的可持续性。这有助于维护生态平衡，减少污染，改善空气和水质，确保环境对人类和其他生物的可持续性。环保合规也有助于建立积极的企业声誉。消费者越来越重视环境友好型企业，他们更愿意支持那些采取可持续措施的企业，而不是那些忽视环境问题的企业。因此，遵守环保法规可以提高企业的市场竞争力，拓展市场份额，增加销售额。环保合规是可持续经营的关键组成部分。通过采取环保措施，企业可以减少资源浪费，提高效率，降低成本，从而实现长期盈利和经济可持续性。在全球范围内，越来越多的政府和国际组织将环保合规视为获取融资和投资的先决条件。企业和组织应将遵守环保法规视为一项战略性任务，积极采取措施来减少环境影响，提高可持续性，履行社会责任，实现长期成功。

二、主要环保法规与标准

主要环保法规与标准是确保环境保护和可持续发展的法律框架。这些法规包括空气质量法、水污染控制法、固体废物管理法等，旨在限制排放、保护自然资源和生态系统。国际上，ISO 14000系列标准提供了环境管理指南，帮助组织实施可持续经营。《巴黎协定》旨在应对气候变化，促使国际社会减少温室气体排放。这些法规和标准不仅推动了环境保护，还为企业、政府和公众提供了指导，以确保我们的行为不危害地球及未来世代的生存环境。

（一）空气质量法规

与空气质量有关的法规在各国都十分重要，旨在减少空气污染、提高空气质量，以保护公众健康和生态系统。

1. 排放标准。排放标准规定了各种工业设施和交通工具的排放限制，包括氮氧化物、二氧化硫、挥发性有机化合物和颗粒物等有害物质的排放。这些标准通过限制排放量，有助于减少大气中有害污染物的浓度。

2. 车辆排放要求。为了提高空气质量，许多国家制定了严格的车辆排放要求，要求汽车制造商生产低排放和高燃油效率的汽车。这些要求通常包括使用先进的尾气处理技术，如催化转化器，以减少尾气排放。

3. 空气质量监测。政府机构通常设立监测站点，监测大气中污染物的浓度。这些数据用于评估空气质量，并根据需要采取行动，如发布警报、实施交通限制或工厂关闭，以应对恶化的空气质量情况。

这些法规的实施有助于降低空气污染水平、提高城市空气质量、减少呼吸道疾病和环境损害，同时促进可持续交通和工业生产。空气质量法规在全球范围内起到了关键作用，维护了公众的健康和生态平衡。

（二）水质法规

与水质相关的法规涵盖了一系列排放标准、废水处理要求和水资源保护法规，旨在确保水环境的质量和可持续性。排放标准法规规定了各种行业和活动的排放标准，以限制废水排放中的有害物质。这些法规要求企业和工厂采取适当措施，确保废水不会对水体造成污染。严格的排放标准有助于保护水体质量，减少生态系统的损害。废水处理要求法规要求企业和城市设施对废水进行处理，以降低其对水质的不利影响。这包括物理、化学和生物处理方法，以去除有害污染物。废水处理法规有助于净化水体，维护饮用水和生态系统的健康。

水资源保护法规关注水资源的管理和保护。它们包括水资源分配、保护和可持续管理的规定。这些法规旨在确保水资源的充分供应，防止过度开采和水源污染，促进水资源的可持续利用。与水质相关的法规是保护水环境的关键工具。它们旨在减少污染、促进废水处理，确保水质的可持续改善，维护生态系统的健康，以满足人类和自然界的需求。这些法规的有效执行至关重要，可以确保我们的水资源能够持续供应并保持清洁。

（三）土壤污染法规

土壤污染和地下水污染问题涉及一系列法规和法律框架，以确保环境保护和公共安全。这些法规通常涵盖土壤清理和修复要求，以减轻或消除土壤和地下水的污染。在美国，联邦政府颁布了许多法律来管理土壤和地下水污染，包括美国环保局（EPA）颁布的《清洁水法》（*Clean Water Act*）和《清洁空气法》（*Clean Air Act*）。美国也颁布了《超基准法》（*Superfund*）和《资源保护与恢复法》（*Resource Conservation and Recovery Act*，RCRA）等法律，规定了土壤和地下水的清理标准和程序。在欧洲，欧洲联盟制定了相关法规，如土壤框架指令，旨在防止和减轻土壤污染，并规定了土壤监测、评估和修复的要求。各个欧洲国家也颁布了国家法律，以满足欧洲法规的要求。许多其他国家和地区也制定了类似的法律来管理土壤和地下水污染。这些法律通常包括土壤和地下水监测、评估和修复的标准和程序，以确保受影响区域的清洁和恢复。土壤和地下水污染的法规旨在保护环境和人类健康，强调预防、监测和治理污染源，并规定了清理和修复受污染土壤和地下水的方法和要求。这些法规对于可持续的土地管理和环境保护至关重要。

（四）废物管理法规

废物管理法规是为了保护环境、人类健康和资源可持续利用而制定的法律框架。

1. 废物分类。废物根据其性质和危险程度进行分类。通常分为危险废物和非危险废物。危险废物是对环境或健康构成潜在风险的废物，需要特殊处理和处置。非危险废物则相对较安全，但仍需要按规定妥善管理。

2. 废物储存。法规规定了废物的储存要求，包括储存容器的要求、标识和记录。危险废物通常需要在专门设计的容器中储存，并定期检查以确保安全。

3. 废物处理。法规规定了不同类型废物的处理方法，包括物理处理、化学处理和生物处理等。处理过程应符合环保标准，并避免废物对环境造成污染。

4. 废物处置。废物处置是将废物永久地从环境中移除的过程。法规规定了各种废物的合适处置方法，包括填埋、焚烧、回收和处置设施的要求。

5. 废物运输。废物的运输通常需要遵循特定的规定，包括运输容器的选择、标识和运输文件的要求。这是为了确保废物在运输过程中不会泄漏或对公众安全和环境造成威胁。

废物管理法规的目的是最大限度地减少废物对环境和人类健康的不良影响，同时促进资源的可持续利用。这些法规还鼓励废物的减少、再利用和回收，以降低对自然资源的依赖。废物管理是环境保护和可持续发展的重要组成部分，对社会和经济发展起到了关键作用。

三、环保合规与可持续经营

在当今的工业环境中，环保合规和可持续经营是制造企业至关重要的方面。环保合规要求企业遵守国际、国家和地方的环境法规和标准，确保生产活动不对环境造成负面影响。这包括废物处理、排放控制、能源利用等方面的严格监管。可持续经营则关注长期发展，注重社会责任、环境保护和经济效益的平衡。企业需要采取可再生能源、循环利用资源、降低废弃物产生，并推动供应链的可持续性。这有助于减少企业的环境足迹，提高效率，降低成本，并取得可持续的竞争优势。

综合考虑环保合规和可持续经营有助于企业在竞争激烈的市场中脱颖而出，满足社会对环保的期望，实现经济和环境的双赢。

（一）合规管理系统

建立环保合规管理系统对企业或组织来说至关重要，因为它有助于确保其在环保法规和标准方面的遵守。

1. 合规性与法律风险降低。合规性管理系统帮助企业或组织遵守各种环保法规和标准，降低了可能面临的法律风险。不合规的行为可能导致罚款、诉讼和声誉损害，因此建立管理系统可以减少这些风险。

2. 环境保护与可持续性。环保合规管理有助于保护自然环境，减少污染和资源浪费。这有助于可持续发展，维护生态平衡，并为未来世代创造更好的生活条件。

3. 提升声誉与社会责任。遵守环保法规和标准有助于提升企业或组织的声誉，增强其社会责任感。对环境的积极关注也能吸引消费者、投资者和合作伙伴的青睐。

4. 资源和成本管理。合规性管理系统可以帮助企业或组织更有效地管理资源，减少能源和原材料浪费。这有助于节省成本，并提高竞争力。

5. 持续改进。建立管理系统鼓励持续改进的文化。通过监测和评估环保绩效，企业或组织可以不断寻找提高效率、降低环境风险的方法，并适应不断变化的法规和标准。

6. 国际市场准入。在全球化的背景下，许多国际市场要求产品和服务符合一定的环保标准。建立环保合规管理系统有助于企业或组织更容易地进入这些市场，扩大业务范围。

建立环保合规管理系统是一项重要的战略举措，可以帮助企业或组织在法规遵守、环境保护、声誉提升和成本管理等方面取得显著的优势。这不仅有益于企业自身，也有助于维护全球生态平衡和可持续发展。

（二）环保审计与监测

环保审计和监测是重要的环境管理工具，用于评估组织的合规性和改进环保绩效。环保审计是一种系统性的评估，通过检查组织的环境政策、流程和操作，以确保其遵守适用的环境法规和标准。审计的目标是发现潜在的环境风险、识别违规行为，并提供改进建议。它包括内部审计、合规审计和第三方审计，有助于确保组织的环境管理体系有效运作。环境监测是通过定期收集和分析环境数据来跟踪和评估环境绩效的过程。这包括大气、水、土壤和噪声监测等。监测有助于识别环境趋势、评估污染水平和监测排放效率。通过实时数据和趋势分析，组织可以及时采取措施来改进环保绩效，并确保其遵守法规。环保审计和监测是可持续经营的一部分，有助于降低环境风险、改进资源利用和提高社会责任。通过持续的评估和监测，组织可以更好地理解其环境影响，采取措施减少负面影响，提高环保绩效，推动可持续发展目标的实现。这些工具对于实现环境可持续性至关重要，有助于维护生态平衡和社会责任。

（三）环保技术和创新

环保技术和创新在满足法规、减少资源浪费和降低环境影响方面发挥着至关重要的作用。随着社会对环境问题的关注不断增加，企业和组织必须积极采用创新的环保技术来应对这些挑战。环保技术可以帮助企业符合严格的法规和法律要求。这些技术可以帮助企业监测和管理废物排放、污染物排放和资源使用，确保其在法律规定的限制范围内运营。通过使用高效的污染控制设备和清洁生产技术，企业可以降低环境污染，避免法律责任和罚款。环保技术可以减少资源浪费。通过循环利用、废物回收和能源节约技术，企业可以降低生产成本，提高资源利用效率，减少对有限资源的依赖。这有助于可持续经营和降低生产过程的环境足迹。环保技术还有助于降低环境影响。例如，可再生能源技术如太阳能和风能可以替代传统的化石燃料，减少温室气体排放，缓解气候变化问题。污水处理技术可以将废水处理成可再利用的水资源，减少对淡水资源的需求。环保技术和创新是实现可持续经营和保护环境的关键工具。企业和组织应积极投资于研发和采用这些技术，以满足法规、减少资源浪费和降低环境影响，从而实现环保合规和可持续经营的目标。

环保要求与法规对于维护生态平衡、保护自然资源和确保人类健康至关重要。企业和组织应认真遵守这些法规，积极采取环保措施，实现可持续发展，并履行其社会责任。

第二节　可持续性设计原则

可持续性设计原则是指在产品和系统的设计过程中，考虑并优化环境、社会和经济因素，以满足当前需求而不损害未来世代的能力。这包括减少资源消耗、降低环境影响、提高效率和促进社会公平。可持续性设计原则强调循环经济、材料选择、能源效率、生态系统保护、社会责任等方面，以确保产品和系统的长期可持续性，从而推动社会的可持续发展。这一理念不仅有助于减少环境污染和资源浪费，还有助于增强企业竞争力，满足消费者的需求，并为未来时代创造更好的生活条件。

工艺装备可持续性设计是指在整个装备生命周期中考虑环境、社会和经济因素，以减少资源消耗、污染和碳排放，同时提高生产效率和产品质量。

一、可持续性设计的基本原则

可持续性设计的基本原则是将环境、社会和经济因素纳入产品和系统的设计过程中，以实现长期的可持续性目标。关注环境，包括资源利用、能源效率和减少废物和污染。考虑社会，包括产品的社会影响和对人的安全和健康的保护。注重经济，确保产品在整个生命周期内具有经济可行性。可持续性设计还强调跨学科合作和终身学习，以促进创新和不断改进。这些原则有助于推动可持续发展，平衡满足当前需求和保护未来世代的利益。

（一）生命周期分析

生命周期分析是可持续性设计的关键工具，它有助于全面评估产品或装备的环境和社会影响。在设计阶段，通过考虑材料选择、制造过程和设计选择，可以降低产品的能源消耗和排放，减少资源浪费。生产阶段的可持续性措施包括采用环保生产工艺、提高能源效率和降低废物产生。在使用阶段，装备的能源效率和维护需求是关键考虑因素。通过提供培训、优化操作和定期维护，可以减少能源浪费和维修成本。最终，处置阶段需要考虑装备的回收和废弃物管理，以减少废弃物对环境的负面影响。通过生命周期分析，企业可以识别和对优化装备的关键环境和社会影响，从而实现可持续性目标，降低整体成本，并提供更环保和社会负责任的产品。这有助于满足不断增长的环保法规要求，提高企业的声誉，吸引环保意识强的客户和投资者。

（二）材料选择

在可持续性设计的实施策略中，选择可再生、可回收和环保的材料是至关重要的一步。这意味着在产品或系统的设计阶段，要优先考虑使用材料，以减少资源消耗和废弃物产生。选择可再生材料有助于降低对有限资源的依赖。这包括使用木材、竹子、再生纤维等可再生资源，而不是依赖于不可再生的矿物或石油材料。可再生材料的使用有助于维持生态平衡，减少生态系统破坏。考虑可回收性是关键。使用可回收的材料，如可再生塑料、金属、玻璃等，有助于降低废弃物量，减少对垃圾填埋或焚烧的需求。这有助于减少环境污染和资源浪费。环保材料的选择涉及避免有害物质的使用，以减少对环境和人类健康的负面影响。这包括选择低 VOC（挥发性有机化合物）涂料、无毒塑料、环保黏合剂等。在材料选择方面，要考虑生命周期分析，评估材料的整体环境影响，包括采集、生产、使用和处理的阶段。这有助于找到最佳的材料选择，以最大限度地减少对环境的不良影响。选择可再生、可回收和环保的材料是可持续性设计的关键步骤，有助于减少资源消耗、废弃物产生，推动环境保护和可持续发展的目标。这种材料选择策略有助于实现产品和系统的更长寿命和更低的生命周期成本。

（三）能源效率

优化装备的能源利用效率，减少能源消耗和碳排放是可持续性设计的关键原则之一。这可以通过采用高效能源系统、节能设备和智能控制技术来实现。例如，使用先进的节能照明系统、高效的电机和电子设备，以降低电能消耗。同时，利用智能传感器和自动化控制系统，实时监测和调整设备的运行，以最大限度地减少不必要的能源浪费。采用可再生能源和低碳技术也有助于降低碳排放，减缓气候变化的影响。通过这些措施，可持续性设计可以在减少环境负担的同时，实现成本节约和经济效益。

（四）设备可靠性

设计装备以提高可靠性是可持续性设计的重要原则之一。通过在装备设计阶段考虑可靠性，可以减少故障和停机时间，延长设备的使用寿命，从而降低维护和替换成本，提高生产效率。为了实现这一目标，设计师可以选择耐用和可靠的材料，确保装备能够在不同工作条件下稳定运行。考虑到零部件的可维修性也很重要，以便在需要时进行维护和修复，而不是进行整体替换。可持续性设计还包括预测性维护策略，通过使用传感器和监控系统来实时监测设备状态，提前识别潜在故障，并采取预防性维护措施，以避免故障发生。这有助于最大限度地减少生产中断，提高设备的可靠性和可维修性。通过设计装备以提高可靠性，企业可以降低成本、提高生产效率，减少资源浪费，同时也有助于减少对环境的负面影响，实现可持续性发展目标。

二、可持续性设计的实施策略

可持续性设计的实施策略需要深入融入产品或系统的整个生命周期。要设定明确的可持续目标和指标，以确保设计的方向与环境、社会和经济可持续性保持一致。采用生命周期分析方法，评估产品或系统的环境影响，识别关键热点，以便有针对性地改进。接着，优先考虑可再生资源、低碳材料和节能设计，以减少资源消耗和排放。要鼓励创新和循环经济，设计可重复利用、可维修和可回收的产品。与利益相关者合作，包括供应商、政府和消费者，共同促进可持续性设计的实施，实现长期的环境和社会价值。

（一）绿色供应链

与供应链合作伙伴合作是实现供应链可持续性的关键措施之一。这种合作可以涵盖多个方面，包括供应商选择、材料采购、运输和物流等，有助于减少环境影响、提高资源利用效率，并促进社会责任。选择合适的供应商是至关重要的。企业可以与供应商建立伙伴关系，共同制定可持续采购政策，包括要求供应商符合一定的环保和社会责任标准。这有助于确保从供应链中获得的材料和产品符合可持续性要求，减少不必要的环境和社会风险。材料采购也可以优化，以提高可持续性。企业可以考虑使用可再生材料、回收材料或降低环境影响的材料替代品。通过采用更高效的生产方法，减少材料浪费和能源消耗，也可以提高可持续性。

运输和物流也是供应链中的关键环节。合作伙伴可以共同努力优化运输路线、减少运输中的碳排放，提高能源效率，减少物流成本。这可以通过共享信息、技术和最佳实践来实现。合作伙伴关系还可以推动社会责任的实施。企业可以要求供应链合作伙伴遵守劳工权益、人权和社会责任标准，确保员工受到尊重和保护，避免不当的劳动和环境做法。与供应链合作伙伴合作是实现供应链可持续性的有效途径。通过共同努力，企业可以减少对环境的负面影响，提高社会责任，同时也获得长期竞争优势和可持续发展的机会。

（二）设计创新

鼓励创新设计是可持续性设计的重要组成部分，包括节能技术、废物减少和资源优化的设计。创新的节能技术是关键。这包括改进产品或系统的能源效率，采用高效照明、智能控制系统、可再生能源等技术，以减少能源消耗。通过减少能源使用，不仅可以降低碳排放，还可以降低能源成本，提高可持续性。废物减少设计是必要的。这包括采用循环经济原则，设计可重复使用、可维修和可回收的产品，减少废弃物的产生。同时，通过减少材料浪费和废弃物处理成本，也有助于提高资源利用效率。资源优化的设计考虑了材料和资源的有效利用。这可以包括选择多功能材料，减少原材料消耗，以及采用资源节约型设计原则，确保产品或系统在整个生命周期中最大化资源利用。

创新设计还可以包括使用生物模仿、可持续设计工具和新材料的研发，以提高可持续性。这些方法可以推动环保技术的发展，为可持续性目标作出贡献。鼓励创新设计是可持续性设计的核心，有助于改进产品和系统，减少资源消耗、废弃物产生和能源使用，推动环境保护和可持续发展。这种创新的设计方法是实现可持续性目标的关键，为我们的社会和环境创造更加可持续的未来。

（三）循环经济

采用循环经济原则是可持续性设计的又一重要基本原则。这包括最大限度地减少资源浪费和提高资源利用效率。可再生能源的广泛应用是其中的关键要素，如太阳能和风能等可再生能源可以替代传统的化石燃料，降低对有限资源的依赖，同时减少碳排放。废物回收和再利用也是循环经济的关键环节。工艺装备的设计应考虑废物的分离和处理方式，以最大限度地减少废弃物的产生，并将废物转化为有价值的资源。通过循环再利用废弃材料和产品，可以降低生产成本，减少对原始资源的需求，从而实现可持续性设计的目标。可持续性设计的循环经济原则有助于实现资源的有效管理和保护环境，同时也为企业带来经济和环境双重益处。

（四）可持续性标准与认证

遵守可持续性标准和获得相关认证是证明装备的可持续性性能的重要步骤。这些标准和认证不仅有助于提高产品的可持续性，还可以增强企业的声誉和市场竞争力。遵守可持续性标准意味着产品必须符合一系列环保和社会责任要求。这可能涉及使用环保材料、减少能源和资源消耗、降低排放和废物产生等方面的要求。遵守这些标准有助于降低产品的环境足迹，减少对自然资源的依赖，并减少对生态系统的负面影响。获得相关认证是向客户、合作伙伴和监管机构证明产品可持续性的有效方式。例如，ISO 14001 环境管理体系认证可以帮助企业管理和降低环境风险，而 ISO 9001 质量管理体系认证则有助于确保产品质量。一些特定行业还有针对可持续性的认证，如 LEED 认证用于建筑领域。

获得认证不仅可以提高产品的市场竞争力，还可以增强客户对产品的信任。许多消费者和企业越来越注重可持续性，并更愿意选择那些具有认证的产品。一些市场和政府采购项目可能要求符合特定的可持续性标准和认证，这为企业提供了更多的商机。遵守可持续性标准和获得相关认证是在当今可持续发展环境中取得成功的关键步骤之一。这不仅有助于降低环境和社会风险，还可以提高产品的市场竞争力，为企业创造长期的商业价值。

三、可持续性设计的利益与挑战

可持续性设计带来了一系列利益和挑战。它有助于减少资源浪费和环境污染，降低生产和运营成本，提高企业的竞争力。可持续性设计有助于满足法规要求，减少法律风险。它提高了品牌声誉，吸引环保意识强的客户和投资者，促进可持续发展。然而，可持续性设计也面临挑战，如初始投资成本较高、技术和材料选择的复杂性、设计限制等。然而，这些挑战可以通过长期的环境和经济效益来抵消，为企业和社会带来更大的长期利益。

（一）利益

可持续性设计给企业的多方面带来了显著利益和挑战。通过降低运营成本，可持续性设计有助于企业提高盈利能力。例如，采用节能材料和技术可以减少能源消耗，减少能源费用。减少废物和资源浪费也可以降低废物处理和采购成本。这些成本节约可以用于其他投资和增加企业的竞争力。可持续性设计可以提高市场竞争力。越来越多的消费者和企业关注环保和社会责任，他们更愿意选择那些具有可持续性设计的产品和合作伙伴。因此，具备可持续性特征的产品和服务在市场上更具吸引力，有助于企业拓展客户群体，提高销售和市场份额。

另外，可持续性设计还可以减少法律风险。随着环境和社会法规的不断升级，不符合法规的企业可能会面临罚款和法律诉讼。通过采用可持续性设计，企业可以更好地遵守法规，降低违规的风险，避免潜在的法律问题。可持续性设计可以改善企业的形象和声誉。关注可持续性问题，表明企业对社会和环境负有责任感。这有助于建立积极的品牌形象，增强客户和投资者的信任，吸引更多的人才加入企业。可持续性设计不仅有助于降低成本和提高市场竞争力，还可以减少法律风险，改善企业形象。因此，越来越多的企业正在积极采纳可持续性设计，将其纳入业务战略中，以实现长期的经济和社会效益。

（二）挑战

可持续性设计的实施可能需要额外的投资，同时需要克服技术和文化障碍，应对不断变化的法规和市场需求。额外的投资可能是必要的，因为可持续性设计往往需要采用新的技术、材料和流程，以满足环保标准和可持续性目标。这包括购买更高效的设备、改进供应链、培训员工等。然而，这些投资通常能够在长期内实现回报，通过节省能源、减少废物和提高产品质量等方式降低成本。技术和文化障碍可能阻碍可持续性设计的实施。技术障碍涉及新技术的采用和适应，可能需要研发和测试新的解决方案。文化障碍包括组织内部的习惯和价值观，可能需要培训和意识提高，以促进可持续性的理念和实践。

不断变化的法规和市场需求是挑战。环境法规可能会发生变化，要求组织不断更新和调整可持续性设计策略。市场需求也可能随着时间推移而变化，需要适应新的趋势和消费者偏好。可持续性设计虽然面临挑战，但是通过合适的投资、技术创新、文化变革和适应性管理，组织可以成功实施可持续性设计，实现长期的环保和经济效益。这种方法有助于满足日益严格的环保标准，提高市场竞争力，同时也有益于保护地球和社会的可持续发展。

可持续性设计原则有助于实现环境保护、资源节约和社会责任的目标。通过将可持续性视为设计过程的核心，工艺装备制造企业可以在全球竞争中脱颖而出，同时为社会和环境做出积极贡献。

第三节　节能与资源利用优化

工艺装备的节能与资源利用优化是制造业不可或缺的一环。通过提高能源效率和资源利用率，企业可以降低生产成本，减少对有限资源的依赖，同时减少环境影响。这包括采用高效的设备和工艺、回收和重复利用材料、优化供应链和生产计划，以及实施能源管理和监测系统。通过不断追求节能和资源优化，企业可以实现可持续经营，同时为社会和环境做出积极贡献。

工艺装备的节能与资源利用优化是制造业中的重要议题，它旨在降低能源消耗、减少资源浪费并提高生产效率

一、节能技术与方法

节能技术和方法是关键，以减少能源消耗和降低环境影响。这包括改进建筑绝缘、采用高效照明和采暖系统、使用节能电器设备、优化工业生产过程、应用能源管理系统、推广可再生能源等。节能文化的培养也至关重要，通过员工培训和宣传教育，鼓励节能行为。这些方法不仅有助于降低能源成本，还有助于减少温室气体排放，推动可持续发展。因此，采用节能技术和方法是应对能源挑战的关键措施，对于实现可持续能源未来至关重要。

（一）设备能效改进

通过采用先进的节能技术和高效的组件，如高效电机、变频器、节能传动系统等，企业可以显著提高设备的能效，从而实现多方面的好处。能源消耗的降低将直接导致能源费用的减少。这意味着企业可以在能源支出上节省大量资金，从而增强其财务表现。减少能源消耗还有助于降低温室气体排放，减少对环境的不利影响，进一步提高企业的可持续性。提高设备的能效还可以延长设备的使用寿命。高效的组件和节能技术有助于减少设备的磨损和损坏，降低维护和维修成本。这意味着企业可以延长设备的运行时间，减少生产中断和停机时间，从而提高生产效率和产能。提高能效还可以提升设备的性能和生产质量。稳定的能源供应和高效的传动系统有助于确保设备在不同工况下的稳定运行，提高产品的一致性和质量。这可以减少次品率和废品率，降低生产成本，并提高客户满意度。高能效的设备也有助于企业塑造绿色形象，提高品牌声誉。越来越多的消费者和合作伙伴关注可持续性和环保，他们更愿意选择那些采用节能技术的企业。因此，通过提高能效，企业可以在市场上树立积极的形象，吸引更多的客户和投资者。采用先进的节能技术和高效的组件来提高设备的能效对企业而言是一项具有多重好处的举措。它可以降低能源成本，延长设备寿命，提高生产质量，树立绿色形象，从而增强企业的竞争力和可持续性。

（二）热能回收

在工艺中捕获和回收废热能是一项重要的资源利用优化方法。这个过程涉及捕获和重新利用工业过程中产生的废热，用于加热或其他有用的用途，从而显著减少能源浪费。

废热捕获通常通过热交换器或热回收系统来实现。这些系统可以将废热从高温过程中抽取出来，并将其传递给需要加热的过程或系统。例如，废热可以用于加热水、蒸汽

发生、空调系统等。这种废热的回收和再利用不仅减少了对额外能源的需求，还降低了能源成本和环境影响。废热回收还有助于提高能源效率，因为它利用了原本被视为浪费的能源。这不仅降低了生产过程的能源消耗，还有助于减少温室气体排放。废热回收也有助于降低能源成本，提高企业的竞争力，并为可持续发展作出贡献。捕获和回收废热能是一种高效的资源利用方法，可降低能源浪费，提高能源效率，减少环境影响，同时降低能源成本。这种做法对于工业生产和能源管理至关重要，是实现可持续性目标的重要步骤之一。

（三）照明和空调优化

优化工厂的照明和空调系统是可持续性设计原则的一个关键方面。在照明方面，采用高效照明设备如 LED 照明和光线感应控制系统，可以降低能源消耗，延长照明设备的使用寿命，减少废弃物产生。智能化技术可以根据环境条件和人员活动自动调整照明亮度，以确保在需要时提供足够的光照，而在不需要时降低亮度或关闭照明，从而进一步降低电力使用。在空调系统方面，采用高效的空调设备和智能控制系统有助于维持舒适的室内温度，同时最大限度地减少能源消耗。智能控制系统可以根据实际需要调整温度和风速，避免不必要的能源浪费。维护和定期清洁空调设备也是确保其高效运行的关键，减少能源浪费和维修成本。

通过优化工厂的照明和空调系统，企业不仅可以显著降低电力消耗和相关能源成本，还可以减少对能源资源的依赖，降低碳排放，为可持续性发展作出贡献。这些举措不仅有益于企业的经济效益，也有助于减轻环境压力，推动工业领域的可持续转型。

（四）环境管理系统

实施集成的环境管理系统是一项关键举措，有助于企业更有效地监测和控制能源消耗，以及自动调整设备的运行，以节省能源。这种系统通常包括各种传感器、监控设备和自动化控制系统，可以实时监测设备和工艺的能源使用情况。环境管理系统可以通过实时数据采集和监控来跟踪设备的能源消耗。这些数据涵盖电力、燃料、水等多个方面。通过收集这些数据，企业可以更好地了解各个设备的能源效率，识别能源消耗的高峰时段和浪费情况。这有助于识别潜在的节能机会。环境管理系统还具备自动控制功能，可以根据设定的参数和策略来调整设备的运行。例如，当系统检测到能源消耗过高时，可以自动降低设备的运行速度或采取其他措施来降低能源消耗。这种自动化调整可以在不降低生产效率的情况下实现能源节约。环境管理系统通常还包括能源数据分析功能，可以对历史数据和趋势进行分析，以识别潜在的能源效率改进点。基于数据分析的洞察力，企业可以采取有针对性的措施，优化设备性能，降低能源消耗。环境管理系统能够提供实时报警和远程监控功能。当设备或系统出现异常时，系统可以立即发出警报，通知操作人员采取行动。远程监控功能允许操作人员远程访问设备数据，实时监控设备状态，及时解决问题，减少生产停机时间。

实施集成的环境管理系统是一种强大的工具，可以帮助企业实现能源节约和环保目标。它通过实时监控、自动调整、数据分析和远程控制等功能，帮助企业更加智能地管理和优化能源使用，提高设备和生产线的能源效率，降低能源成本，减少对环境的影响，增强可持续性。

二、资源利用优化方法

资源利用优化方法是有效管理资源以降低浪费和提高效率的关键。这包括最佳化供应链、减少库存和废料、提高资源回收率、优化生产流程、采用循环经济原则等。通过精细规划和资源分配，组织可以减少资源的使用，提高生产效率，降低成本，同时减轻环境负担。资源优化方法还有助于满足不断增长的需求，确保资源供应的可持续性，推动经济增长和可持续发展。这种方法对于现代社会的可持续性和资源管理至关重要。

（一）原材料节约

通过有效的材料管理、废物减少和回收利用，企业可以减少原材料的浪费，降低成本，减轻对环境的影响，并提高可持续性。材料管理涉及合理的采购和库存管理。企业可以通过精确的需求预测，避免采购过多的原材料，减少库存积压和浪费。采用先进的供应链管理技术，如物联网传感器和数据分析，有助于实时监控库存水平和原材料使用情况，提高采购决策的准确性。废物减少是关键的一步。企业可以采取措施，减少生产过程中的废料产生。这包括优化生产工艺，提高生产线的效率，减少废品率。通过使用高效的设备和技术，可以降低废品和次品的数量，从而减少原材料浪费。

回收利用是减少原材料浪费的重要手段。企业可以建立废物回收系统，将废弃物转化为可再利用的原材料或资源。这不仅有助于减少资源的消耗，还可以降低废物处理和处置的成本。例如，废弃的产品零件可以回收再利用，废弃的纸张可以回收制成新纸张。企业需要建立可持续的供应链合作关系。与供应商和合作伙伴密切合作，共同推动材料管理、废物减少和回收利用的目标。这可能涉及与供应商一起寻找更环保的原材料替代品，或与废物处理公司合作，将废物转化为资源。

通过材料管理、废物减少和回收利用等可持续性措施，企业可以降低原材料的浪费，提高资源利用效率，减少环境负担，实现可持续的生产和经营。这不仅有助于企业的经济效益，还有助于保护环境和履行社会责任。

（二）生产过程优化

采用精益生产和流程改进技术是一种关键的方法，可以帮助组织减少生产过程中的资源浪费，提高生产效率。精益生产是一种管理方法，旨在通过识别和消除生产过程中的不必要的浪费，实现资源的最佳利用。这包括识别并减少过程中的库存、运输、等待、不良品等浪费。通过精益方法，生产过程可以更加高效，减少不必要的资源消耗，提高生产效率。流程改进技术涉及分析和优化生产流程，以确保它们更加顺畅和高效。这包括通过流程重组、自动化、标准化和持续改进，来降低资源浪费、减少生产停机时间和提高产品质量。流程改进技术有助于组织更好地管理资源，减少生产成本，提高竞争力。这两种方法的综合应用有助于提高生产效率，减少资源浪费，降低成本，同时有益于环境保护。通过减少不必要的资源消耗，组织可以更加可持续地运营，减轻对自然资源的依赖，推动可持续发展。因此，采用精益生产和流程改进技术是实现资源利用优化的关键方法之一。

（三）循环经济原则

采用循环经济原则是可持续性设计的另一个重要方面。这一原则强调了资源的最大化利用，以减少资源浪费和减轻环境负担。在工艺装备制造领域，产品设计阶段是关键。制造企业可以采用设计思路，以延长产品的使用寿命和可维修性为目标。这意味着在设计工艺装备时，考虑到零部件的易更换性，以便在需要时进行维修而不是报废。设计产品时还可以考虑使用可再生或可回收的材料，以降低资源消耗。

废物回收和再利用是循环经济的核心。企业可以建立废物回收系统，将废弃的材料和零部件进行分类和处理，以便重新加工和再利用。这不仅有助于减少废物排放，还可以节约原始材料的使用。企业还可以将废物转化为资源，如将废弃的设备部件重新加工为新的零部件，延长其使用寿命。循环经济原则也涉及产品的终端处理。企业可以制订环保的废物处理计划，确保废物安全处理和处置，以避免对环境造成负面影响。通过采用循环经济原则，工艺装备制造企业可以降低资源消耗、减少废物排放、节约成本，并在可持续性方面发挥积极作用。这不仅符合环保法规要求，还有助于提高企业的社会声誉和竞争力，为可持续经营作出贡献。

（四）资源效率指标

建立资源效率指标和绩效评估体系是实施可持续性设计和资源管理的关键步骤。这一体系有助于企业持续监测和改进资源的利用效率，确保在生产过程中最大限度地减少浪费。资源效率指标的制定是关键的一步。企业需要明确衡量资源利用效率的关键性能指标，这些指标可以根据企业的特定需求和目标来制定。例如，可以跟踪原材料的使用率、废料产生率、能源消耗率等。这些指标应该具有可衡量性和可比性，以便进行定量分析和比较。绩效评估体系需要确保数据的准确性和实时性。企业应该建立有效的数据收集和记录系统，以捕捉关键指标的数据，并确保数据的可靠性。这可能需要使用现代信息技术和数据管理工具来实现。实时监测数据的可视化和报告也是绩效评估的重要组成部分，它可以帮助管理层了解当前状况并及时采取行动。

企业应该设定明确的目标和改进计划。基于资源效率指标的分析，企业可以确定潜在的改进领域，并设定可实现的目标。这些目标应该具体、可衡量和有时间限制，以确保持续改进的实施。绩效评估还包括对资源利用的成本分析。这可以帮助企业了解资源浪费对经济的影响，并促使它们采取节约成本的措施。成本分析还可以帮助企业识别投资回报率较高的资源效率项目。绩效评估体系需要定期审查和改进。企业应该建立定期的评估和审查流程，以确保体系的有效性和适应性。这包括定期的管理层审查会议，以讨论绩效报告、目标达成情况和改进计划的执行情况。

通过建立资源效率指标和绩效评估体系，企业可以更好地管理和优化资源利用，减少浪费，提高生产效率，并实现可持续性的经营。这不仅有助于企业的经济效益，还有助于减少对环境的不利影响，实现可持续的发展目标。节能与资源利用优化有助于降低生产成本、减少环境影响和提高竞争力。通过采取这些措施，制造企业可以实现可持续生产，为社会和环境做出积极贡献。同时，这也有助于满足日益严格的环保法规和消费者对可持续产品的需求。

第四节 环保工艺与设备案例研究

一个工艺装备环保实践案例是废水处理设备的应用。某化工厂引入高效废水处理装备，通过分离、沉淀和过滤等工艺步骤，将废水中的污染物去除，使废水达到排放标准。这不仅减少了对环境的污染，还实现了水资源的可循环利用，降低了用水成本。另一案例是气体净化设备的采用。某电厂引入先进的气体净化装备，能有效去除燃烧废气中的有害物质，符合排放标准。这项技术提高了空气质量，保护了员工健康，也获得了政府的环保认可，提升了企业声誉。这两个案例展示了工艺装备在环保方面的应用，既改善了生产过程的可持续性，也实现了经济效益。环保工艺与设备案例研究有助于深入了解可持续发展的实际应用。

一、工业废水处理案例

某化工厂的工业废水处理为典型案例。该工厂在生产过程中产生大量废水，其中含有有机物和重金属污染物。为解决废水排放问题，工厂采取了多步骤的废水处理流程。通过沉淀和混凝，去除悬浮固体和部分金属离子。接着，采用生物处理单元，通过好氧微生物的作用分解有机物。通过化学沉淀和吸附，去除余留的重金属。该废水处理系统的优势在于高效减少污染物浓度，遵循环保法规，同时实现资源回收。经过处理的水可用于工厂的再生水源，减少了淡水消耗。污泥沉淀后还可以进行资源化利用。这一案例展示了工业废水处理的可行性和环保效益，对可持续发展产生了积极影响。

（一）污水处理厂升级

某工业废水处理厂的案例展示了先进技术在环保领域的成功应用。该厂位于城市工业区，长期以来一直存在废水处理问题。面对环保法规的压力和社会责任，该厂决定进行设备升级。它们引入了先进的生物反应器系统，采用高效微生物群落来分解有机物，从而显著减少了废水中的COD（化学需氧量）。这一步骤大幅提高了废水的处理效率。它们引入了膜过滤技术，通过微孔膜滤除微小的颗粒和污染物，提高了废水的悬浮物去除率，同时减少了废水排放中的固体颗粒。升级后，该工业废水处理厂实现了废水排放标准的显著改进，废水质量明显提高，达到了更严格的环保法规要求。这不仅有助于保护周围环境，还树立了企业的环保形象。此案例凸显了现代技术在工业废水处理中的关键作用，为可持续发展提供了积极的示范。

（二）循环水系统

一家制造企业的案例展示了它们如何成功实施了循环水系统，以降低自来水消耗并减少废水排放。该企业首先建立了废水收集系统，将生产过程中的废水有效地收集起来。这些废水在经过初步处理后，被送入循环水系统。在循环水系统中，废水经过高效的净化和处理，去除了污染物和杂质，将水质提升到可以安全用于生产的水平。这家企业成功地将循环水引入生产流程中，用于冷却、清洗和其他工艺需要。这不仅减少了自来水的需求，还降低了废水的排放量。循环水系统还改善了生产效率，因为水资源得到了更有效的利用。通过实施循环水系统，这家制造企业不仅在节约资源方面取得了显著进展，还在环境保护方面发挥了积极作用。减少了自来水消耗和废水排放，有助于降低对自然资源的依赖，减轻了环境负担。这个案例凸显了循环经济原则的重要性，以实现可持续性目标并推动工业部门的可持续发展。

（三）高效油污分离器

一种高效的油污分离器的案例是Alfa Laval的MIB 503分离机。这是一款用于工业应用的离心式分离机，设计用于分离润滑油中的沉积物和固体颗粒。MIB 503分离机采用高速旋转的离心力将油污与沉积物有效分离，确保油污的质量和可再利用性。这种分离机的应用领域广泛，包括船舶、发电厂、工业制造和机械设备。它有助于减少工业过程中的油污排放，提高了环境保护性能。通过有效分离沉积物，该设备还有助于延长润滑油的使用寿命，减少了资源浪费。Alfa Laval的MIB 503分离机代表了现代工业中高效的油污分离技术，有助于实现环保和资源回收的目标。

二、能源效率改进案例

一家汽车制造公司采用能源效率改进措施，通过优化生产流程、改进设备和引入节能技术，降低了生产线的能源消耗。公司安装了高效照明系统，采用智能传感器控制照明，只在需要时才启用。它们改进了冷却系统，减少了能源浪费。通过这些改进，公司实现了能源消耗的显著降低，每年节省了大量能源成本。这不仅有助于提高企业竞争力，还有益于减少环境影响，实现了可持续生产。

（一）节能照明系统

某工厂的 LED 照明系统改造案例展示了节能环保技术在工业生产中的可行性和益处。这家工厂位于一个工业区，长期使用传统的荧光灯照明系统，这些照明系统不仅能源消耗高，而且产生的光线亮度逐渐下降，对工人的工作环境造成了负面影响。为了提高照明质量和降低能源消耗，该工厂决定进行照明系统的升级，将传统荧光灯替换为 LED 照明系统。LED 照明系统的能效远高于传统荧光灯，能够在提供更亮的照明的同时，显著减少电力消耗。这使工厂在节省能源成本方面取得了显著的经济效益。LED 照明系统的寿命更长，需要较少的维护和更少的灯管更换，减少了维护成本和停工时间。新的 LED 照明系统提供了更均匀、更稳定的照明，改善了工人的工作环境。更高的亮度有助于减少眼睛疲劳，提高了生产效率，并提供更安全的工作环境。该工厂不仅降低了能源消耗和维护成本，还改善了工作环境和员工的工作体验。这个案例凸显了可持续性技术在工业生产中的积极作用，为其他企业提供了改进能源效率和工作环境的灵感。

（二）高效压缩机

一个高效的压缩机的案例展示了其在供应工业过程中的气体和气体混合物中所起的关键作用，减少了能源消耗和碳排放。这款压缩机采用了先进的压缩技术，包括可变速驱动和高效的冷却系统。这使得压缩机能够根据工业需求智能调整运行速度，以匹配气体供应的实际需求。这减少了能源浪费，因为不再需要高速运行，消耗大量电力，以满足峰值需求。该设备还具有高效的冷却系统，可有效降低运行温度，减少了热量损失。这有助于提高能源效率，降低能源消耗。这款高效的压缩机的应用不仅提高了工业过程的可靠性，还显著减少了碳排放。通过降低能源消耗，企业减少了其环境足迹，贡献了可持续发展目标的实现。这个案例强调了先进技术在减少工业过程中的能源消耗和环境影响方面的重要性，为其他行业提供了可借鉴的示范。

（三）太阳能光伏系统

某制造企业安装太阳能光伏系统的案例是 XYZ 制造公司。该公司面临不断增长的能源成本和环境可持续性压力，因此决定采取行动以减少对传统电力的依赖，并削减能源开支。XYZ 制造公司在其制造工厂的屋顶上安装了大规模的太阳能光伏系统。该系统由数百块太阳能电池板组成，可以捕获阳光并将其转化为电能。这些太阳能电池板通过逆变器将直流电转换为交流电，供应给工厂的电网，为生产设备和照明系统提供电力。

该太阳能光伏系统的安装不仅有助于XYZ制造公司降低能源成本，还减少了其对化石燃料电力的依赖，降低了碳排放。太阳能光伏系统还为公司提供了稳定的能源供应，有助于应对电力波动和停电的风险。通过采用这一环保和经济可行的太阳能方案，XYZ制造公司既降低了运营成本，又提高了其在可持续发展方面的形象，为未来的可持续经营奠定了坚实的基础。这个案例凸显了太阳能光伏系统在制造业中的重要性，旨在实现能源效益和环境保护的双重目标。

三、废物管理与循环经济案例

一个生动的废物管理与循环经济案例是欧洲瑞典的H&M。该时尚品牌积极采用可持续性实践，特别是在废物管理方面。它们通过回收废旧服装，利用循环经济原则来减少资源浪费。H&M提供了衣物回收箱，顾客可以将不再需要的服装和纺织品投放其中。这些废弃的物品被运送到回收中心，然后分为可再利用的和不可再利用的部分。可再利用的服装会经过清洗和翻新，然后以二手或回收材料的形式重新投入市场。这一做法降低了废弃物量，减少了资源消耗，符合循环经济原则，同时也提高了品牌的可持续性形象。这个案例凸显了废物管理与循环经济的实际应用，对环境和业务都产生了积极影响。

（一）废物回收与再利用

某工厂的废物回收和再利用策略是一个典型的案例，凸显了可持续发展理念在生产中的成功应用。该工厂专注于生产复合材料，并一直面临废弃材料处理的挑战。然而，为了减少环境影响和降低原材料采购成本，该工厂决定采用废物回收和再利用策略。工厂对废弃的复合材料进行仔细分类和分拣，确保能够将可再利用的材料与不可再利用的材料分开。然后，可再利用的材料被送入再加工设备，经过清洁、修复和加工处理后，转化为高质量的再生材料。这些再生材料不仅符合质量标准，还能够替代部分原材料，用于生产新的复合材料产品。这种策略不仅减少了废物排放，还降低了原材料采购成本，提高了工厂的经济效益。这一案例还凸显了企业的社会责任感，通过减少环境影响，为社会和可持续性发展作出了积极贡献。这个案例鼓励其他企业考虑废物回收和再利用策略，以减少资源浪费，降低生产成本，并在环保方面发挥积极作用。

（二）循环生产流程

一家制造企业展示了它们如何成功采用循环生产流程，将生产废物和副产品重新集成到生产过程中，以最大限度地减少资源浪费。该企业首先进行了详细的废物分析，识别了可回收和再利用的材料和副产品。然后，它们重新设计了生产流程，以便将这些废物和副产品重新引入生产中。这些材料不再被视为废物，而是被视为有价值的资源。通过这种循环生产流程，企业实现了资源的最大化利用。废物被最小化，因为大部分材料被重新投入到生产过程中，副产品也被重新定位为有用的原材料。这不仅减少了废物处理的成本，还降低了对原始资源的依赖。这个案例凸显了循环经济原则的重要性，即将废物转化为资源，并将资源最大化地重新利用。通过采用循环生产流程，这家制造企业不仅在降低资源浪费方面取得了显著进展，还在环境保护方面发挥了积极作用，促进了可持续发展目标的实现。这种做法为其他行业提供了可借鉴的示范，强调了资源的有效管理对于实现可持续性的关键作用。

（三）可降解包装材料

某种引人注目的可降解包装材料是 BioPack，这是一种创新的包装材料，旨在减少塑料污染和垃圾堆积问题。BioPack 由一家名为 GreenTech 的公司研发，已在市场上取得了成功。BioPack 的独特之处在于其成分，它主要由可生物降解的材料制成，如淀粉、纤维素和植物油。这些天然材料在使用后能够自然降解，分解成对环境友好的物质，不会对土壤或水源造成负面影响。该可降解包装材料在各种应用中广泛使用，包括食品包装、医疗器械包装和一次性餐具。BioPack 不仅在环保方面表现出色，还满足了市场对可持续性和绿色包装的需求。通过采用 BioPack，制造企业和消费者可以减少对传统塑料包装的需求，有助于降低塑料污染和垃圾填埋问题。这个案例凸显了可降解包装材料在减少环境影响方面的重要性，为推动可持续包装解决方案的发展提供了一个积极的示范。

这些案例研究展示了在各种工业领域中，采用环保工艺与设备可以实现资源节约、废物减少和能源效率提高的目标。通过学习这些案例，企业可以获得启发，寻找适合自己行业和生产过程的可持续发展解决方案，同时为环保和社会责任作出贡献。

第十章 未来趋势与创新技术

第一节 制造工艺装备的未来趋势

制造工艺装备的未来趋势令人兴奋。数字化技术将进一步渗透到装备设计和生产中，促使更高级的自动化和智能化。工业物联网的发展将实现设备之间的智能协作和实时监测，提高生产效率和质量。材料科学的进步将带来轻量化和高强度的新材料，使装备更坚固且更轻巧。3D 打印和增材制造技术将推动定制化生产的普及，加速原型制作和零件生产。可持续性设计将成为主流，减少资源消耗和环境影响。人机协作机器人将广泛应用，提高工人的安全性和生产效率。这些趋势将塑造未来装备制造的面貌，使之更智能、高效、环保和可持续。制造工艺装备未来是一个充满创新和变革的领域。

一、数字化制造与智能工厂

数字化制造与智能工厂已经成为现代制造业的中心概念。数字化制造利用先进的技术，如物联网、大数据分析和云计算，将整个生产过程数字化，实现实时监控、远程管理和智能决策。智能工厂将传感器和自动化设备融入生产线，实现自适应制造和自主维护。这两个概念的结合使企业能够实现高度灵活性和定制化生产，同时降低成本和提高质量。数字化制造和智能工厂不仅提高了生产效率，还为企业带来更好的资源管理、迅速响应市场需求的能力及可持续性生产。它们正在塑造着未来的制造业，并为企业带来巨大的竞争优势。

（一）工业 4.0

工业 4.0 代表着未来工业制造的发展趋势之一，它不仅仅是生产线的数字化、物联网、云计算和人工智能的应用，还代表着一场彻底的制造业革命。在工业 4.0 的概念下，制造企业将迎来前所未有的机遇和挑战。工业 4.0 的核心是实现生产过程的自动化、智能化和网络化。通过数字化技术，生产线可以实现实时监控和数据收集，将传感器和设备连接到互联网，实现智能决策和自适应制造。这将大幅提高生产效率、减少资源浪费，并降低成本。物联网的广泛应用使得设备之间能够实现互联互通，形成了智能工厂的基础。云计算提供了数据存储和处理的能力，使得大数据分析和预测性维护成为可能。而人工智能的应用则赋予机器学习和自主决策的能力，使生产过程更加灵活和智能。工业4.0的实施将促使企业加速数字化转型，以适应快速变化的市场需求。它也将改变制造业的竞争格局，鼓励创新和定制化生产。然而，随着技术的不断发展，也会伴随着安全和隐私等新挑战。因此，工业4.0需要企业在技术、人才和管理方面做出全面准备，以确保实现持续的成功和可持续的发展。

（二）智能工厂

制造企业正积极建立更智能化的工厂，充分利用大数据分析和自动化技术，以实现生产流程的优化、生产效率的提高和成本的降低。在这种智能工厂中，大数据分析扮演了关键角色。通过实时监测和收集生产数据，企业可以进行深入分析，识别潜在的效率改进点。大数据分析还使企业能够预测生产需求、优化供应链管理和提前发现潜在问题，从而更好地规划生产资源和时间。同时，自动化技术也在智能工厂中得到广泛应用。自动化生产线、机器人和物联网设备可执行重复性任务，减少了人工干预，提高了精度和速度。这有助于降低劳动力成本，同时减少了人为错误和废品率。通过智能工厂的实施，制造企业能够更快、更灵活地响应市场需求变化，提供高质量的产品，并降低生产成本。这不仅有益于企业的竞争力，还有助于可持续生产，减少资源浪费和环境影响。智能工厂是现代制造业的未来，为企业提供了更多机会来实现可持续性目标，同时满足市场需求。

（三）自动化与机器人

机器人和自动化系统在制造工艺中将扮演越来越重要的角色，它们具备执行重复性任务和高精度工作的独特能力，可以在多个方面提升生产质量和灵活性。机器人在制造过程中可以执行单调、烦琐和危险的任务，这些任务对人类来说可能具有高度挑战性或风险。例如，机器人可以用于精密装配、焊接、涂装和零件检查，从而减少了人员受伤的风险，提高了生产线的安全性。机器人和自动化系统可以实现高精度和高一致性的生产。它们不受疲劳、分心或情绪波动的影响，因此可以持续执行任务而不会出现错误。这有助于提高产品质量，减少缺陷率，并确保符合质量标准。机器人的灵活性和可编程性使它们适用于不同类型的制造工艺。通过更改程序和工具，机器人可以迅速适应新产品的生产需求，从而提高了生产线的灵活性和适应性。机器人和自动化系统的广泛应用将继续改善制造工艺，推动工业生产的发展，并为制造企业带来更高的效率和竞争力。

二、可持续制造与绿色技术

可持续制造与绿色技术是推动工业和生产领域迈向可持续性的关键力量。可持续制造强调生产过程中的资源最大化利用，减少废物和污染。它包括循环经济原则，延长产品寿命周期，推动可重复使用和回收。绿色技术则侧重于减少能源消耗和环境影响，包括能源效率改进、可再生能源利用和清洁生产技术。这两者的融合推动了生产方式的转变，减少了环境足迹，提高了资源利用效率，有助于实现可持续发展目标。它们不仅有助于降低成本，还提高了企业竞争力，并对环境和社会产生积极影响。

（一）绿色材料和工艺

未来的制造业趋势将强调可持续性和环保，这包括对可持续材料和制造工艺的更广泛关注。制造业将逐渐减少对有害化学品和资源的依赖，寻求更环保和可再生的替代方案。可持续材料的使用将成为一个焦点。制造企业将更多地探索可降解、可循环利用和可再生的材料，以减少对有限资源的开采压力。同时，绿色化学品和生态友好的制造工艺将被广泛采用，以降低生产过程中的污染和废物排放。数字化技术将在可持续制造中扮演关键角色。智能制造系统将优化资源利用，减少能源消耗和生产浪费。通过物联网和大数据分析，制造企业将更好地监测和管理生产过程，实现资源的最佳利用。未来趋势还将强调产品寿命周期的可持续性。从设计阶段开始，产品将被设计成更容易维修、再制造和回收利用，以减少废弃物的生成。未来的制造将更加注重可持续性和环保，寻求更环保、资源有效利用和社会可接受的制造方式，以满足不断增长的全球可持续发展需求。这将促使制造企业采取更多的创新和技术投资，以适应这一变革。

（二）循环经济

制造业正朝着更广泛采用循环经济原则的方向迈进，这包括产品再制造、废物回收和资源最大化利用，旨在实现零废弃物和可持续发展。产品再制造成为制造业的重要趋势。企业越来越意识到，通过修复和升级产品，可以延长其使用寿命，减少废弃物生成，同时降低生产新产品所需的资源。这种方式不仅降低了成本，还提高了产品的可持续性，满足了消费者对可持续性的需求。废物回收变得更加重要。制造企业将废弃物视为资源，通过回收和再加工，将其重新引入生产流程中。这不仅有助于减少废物对环境的影响，还有助于节约原始资源，降低生产成本。资源最大化利用是循环经济的核心。制造企业不仅仅在产品制造阶段关注资源利用，还在整个价值链中寻找机会，包括供应链管理、生产流程和产品设计。通过最大化资源的有效利用，企业可以降低能源和原材料成本，实现更可持续的生产。制造业的循环经济实践有助于减少资源浪费、降低环境影响、提高产品可持续性，并有助于实现可持续发展目标。这种转型不仅有益于企业自身，还对社会和环境产生积极影响，是制造业未来的关键趋势之一。

（三）3D 打印和增材制造

这些技术将在制造领域得到更广泛的应用，带来多方面的益处。它们有望推动定制化生产的发展。机器人和自动化系统的可编程性和适应性使生产线能够轻松应对个性化需求。企业可以根据客户的具体要求定制产品，提供更多样化的选择，满足市场的不同需求。这些技术有望减少材料浪费。机器人和自动化系统可以精确控制材料的使用，避免过多的废料产生。它们可以进行精准的切割、加工和组装，最大限度地提高材料的利用率，有助于降低成本和环境影响。机器人和自动化系统还可以改进产品设计。它们可以执行复杂的工艺和精细的加工，使得产品设计可以更加创新和精密。这有助于提高产品的质量和性能，增强企业的竞争力。机器人和自动化技术将在制造领域发挥越来越重要的作用，为企业带来更多机遇，同时也需要不断的技术创新和人才培养来推动其应用。

（四）可持续供应链

未来制造企业将更加强调可持续供应链的建设，这将涉及与供应链伙伴的密切合作和协同努力，以实现更可持续的生产和运营。供应商选择将成为一个关键的方面。制造企业将更加倾向于选择那些符合可持续标准和实践的供应商。这包括供应商的环保政策、材料选择、生产工艺及社会责任。通过与这些供应商建立合作关系，制造企业可以确保其供应链的可持续性。材料采购也将受到更多的关注。制造企业将寻求采用可持续材料，如可降解材料、再生材料或具有较低环境影响的材料。供应链合作伙伴将被鼓励采用环保的制造工艺，以减少资源浪费和污染。运输和物流也将成为供应链可持续性的一部分。制造企业将与运输和物流提供商合作，优化运输路线，减少运输中的碳排放，以及采用更高效的包装和仓储方案。制造企业将积极推动可持续供应链的发展，通过选择合适的供应商、采用可持续材料、优化运输和物流，以实现更可持续的生产和供应链运营。这将有助于降低企业的环境足迹，提高资源利用效率，并满足越来越多的消费者和监管机构对可持续性的需求。

未来趋势将引领制造工艺装备朝着数字化、智能化、可持续化和高度灵活化的方向发展。这些趋势将帮助制造业在全球市场上保持竞争力，同时也有助于降低环境影响，实现可持续生产和发展。

第二节　新材料与先进加工技术

新材料与先进加工技术是现代工业领域的关键驱动力。新材料的研发推动了产品性能的提升，如高强度、轻量化、耐高温、导电性等特性，从而满足了不同行业的需求。这些新材料包括复合材料、纳米材料、高性能塑料等，它们改变了产品设计和制造的方式，提高了可持续性和竞争力。先进加工技术，如3D打印、激光切割、自动化生产线等，提高了生产效率和精度。这些技术允许个性化定制、快速原型制作和精确加工，降低了生产成本，减少了废料，推动了工业革命的进展。新材料与先进加工技术的融合，为创新和可持续发展创造了巨大机会。它们在汽车、航空航天、医疗、能源等领域产生深远影响，塑造了未来工业的面貌，推动了社会和环境的可持续性。因此，新材料和先进加工技术在当今工业中扮演着不可或缺的角色，对未来的发展充满潜力。新材料与先进加工技术在制造工业中具有重要的作用。

一、新材料的应用

新材料的应用对各行各业都具有重要意义。这些材料以其独特的性能和特性，正在改变和丰富我们的生活和工业制造。在汽车工业中，新型复合材料和轻量化材料，如碳纤维和铝合金，被广泛用于汽车制造，以提高燃油效率和减少尾气排放。在航空航天领域，高强度、低密度的新材料可以降低飞机的重量，提高飞行效率，并延长飞机的使用寿命。在医疗领域，生物相容性和可降解材料被用于医疗器械和人工器官的制造，以提高患者的生活质量。在能源领域，新型太阳能电池材料和高效的储能材料有望推动可再生能源的发展，减少对化石燃料的依赖。在建筑和基础设施方面，高性能混凝土和新型绝缘材料可以提高建筑物的耐久性和能效。新材料的应用正在各个领域推动创新和进步，为我们的社会和环境带来积极影响。它们将继续发挥关键作用，解决未来的挑战，促进可持续发展和提高生活质量。

（一）先进复合材料

未来趋势将更广泛地采用高性能复合材料，如碳纤维复合材料和玻璃纤维复合材料，用于轻量化产品，如航空航天、汽车和运动器材。

（二）先进金属材料

新型金属材料，如高强度钢、镁合金和钛合金，将在制造工艺中广泛应用，以提高产品的强度和耐用性。

（三）先进陶瓷材料

高温陶瓷和先进陶瓷材料将用于制造高温零部件、电子元件和医疗器械，以满足高温、耐腐蚀和高强度的需求。

二、先进加工技术的应用

先进加工技术的应用在各个行业中发挥着关键作用。这些技术包括3D打印、激光切割、自动化生产线等。通过3D打印，制造商可以以精确的方式创建复杂的零件，减少了废物和节省了时间。激光切割技术提供了高精度的切割，适用于金属、塑料和其他材料。自动化生产线减少了人工干预，提高了生产效率和一致性。这些技术的应用降低了生产成本，提高了产品质量，促进了工业创新。它们对于现代制造业的竞争力和可持续发展至关重要。

（一）3D打印和增材制造

这些技术将广泛应用于制造领域，允许定制化生产、原型制作和快速制造，减少了材料浪费和生产时间。

（二）先进数控加工

数控机床和机器人技术将进一步普及，提高了生产效率、精度和灵活性。

（三）纳米加工技术

纳米制造和纳米加工技术将用于制造纳米材料和纳米器件，用于电子、医疗和能源领域。

（四）自动化和智能制造

自动化系统和人工智能将广泛应用于生产线，提高生产效率和质量。

新材料和先进加工技术将推动制造工业的发展，带来更高效、更可持续、更高性能的产品。这些技术将为各个领域带来创新和竞争优势，同时也提供了解决复杂工程挑战的机会。

第三节 人工智能与自动化

人工智能与自动化是现代工业和科技领域的重要趋势。人工智能是一种模拟人类智能行为的技术，包括机器学习、深度学习和自然语言处理等，它赋予计算机系统学习和决策的能力。自动化则涵盖了各种自动控制和机械化过程，以减少人工干预。这两者的结合对制造业、物流、医疗保健、交通等领域产生深远影响。例如，在制造业中，机器人和自动化系统可以执行复杂的生产任务，提高生产效率和精度。在医疗保健中，AI可用于医学诊断和药物研发。在交通领域，自动驾驶汽车是一个突出例子。人工智能与自动化的结合不仅提高了生产效率，还提供了更高的精度、可靠性和安全性。然而，它也带来了一些挑战，如安全性和隐私问题，需要继续研究和监管。总之，这两者的发展将继续塑造未来的工业和社会。

一、人工智能在制造中的应用

人工智能在制造中的应用正在不断扩展。AI技术可以分析大量生产数据，优化生产过程，提高生产效率和质量。机器学习和自动化技术使生产线更加灵活，能够适应快速变化的需求。AI还可以预测维护需求，降低设备故障的风险，减少停机时间。AI在质量控制和品质检查方面表现出色，可以检测缺陷和提供实时反馈。总之，人工智能的应用将制造业提升到新的高度，提高了生产效率，降低了成本，并推动了可持续制造的实现。

（一）机器学习

机器学习技术在制造工艺中的广泛应用代表了一项革命性的进展。通过分析大规模的生产数据，机器学习模型能够识别复杂的模式和趋势，为制造业带来多益处。机器学习可以用于生产过程的优化。它能够监测和分析生产线上的各种参数，以确定最佳的操作条件，从而提高生产效率和资源利用率。这有助于降低生产成本，提高产量，并减少能源和原材料的浪费。机器学习在产品质量控制方面发挥关键作用。通过监测生产过程中的数据，机器学习模型可以实时检测和预测潜在的质量问题，从而防止次品的制造。这有助于减少废品率，提高产品质量，增强客户满意度。机器学习还可用于故障检测和预测性维护。它可以分析设备的传感器数据，识别设备故障的迹象，并提前发出警报，以便及时采取维修措施，避免不必要的停机时间和生产中断。机器学习技术为制造工艺提供了强大的工具，帮助企业提高效率、质量和可靠性，同时降低成本。随着这一技术的不断发展和应用，制造业将迎来更多创新和改进，推动行业向更加智能化和自动化的方向发展。

（二）智能机器人

自动化机器人系统具备感知、决策和执行功能，能够执行多种任务，包括装配、搬运、检验和维护。它们通过传感器和视觉系统感知周围环境，根据预定的算法做出智能决策，并执行任务，不仅提高了生产效率，还减少了人工劳动和生产成本。这些系统在生产环境中的多功能性使它们成为制造业的重要组成部分。它们可以精确地进行装配工作，确保产品质量一致性。同时，它们可以在恶劣环境下执行任务，减少了人员受到的潜在风险。自动化机器人系统还可以实现24/7连续生产，提高了生产能力和效率。自动化机器人系统的应用不仅提高了制造业的竞争力，还推动了生产过程的现代化和高度自动化。它们是工业革命的核心，为企业带来了更高的效益和更可持续的生产方式。

（三）虚拟现实（VR）和增强现实（AR）

VR（虚拟现实）和AR（增强现实）技术在制造业中的应用领域是多样化的，为工作人员提供了许多有益的功能和体验。这些技术在培训方面发挥了巨大作用。通过 VR 和 AR 技术，工作人员可以参与沉浸式培训体验，模拟现实生产环境中的各种场景和任务。他们可以接触到虚拟设备、机器人、工艺流程，进行操作和维护的训练。这种互动式培训有助于提高员工的技能水平，降低了培训成本和风险。VR 和 AR 技术在产品设计方面也发挥了重要作用。设计师可以使用虚拟现实来创建三维模型，进行实时的设计评审和可视化，从而更好地了解产品的外观、性能和功能。这有助于加速产品开发周期，减少原型制作的成本，提高了设计的精度和创新性。VR 和 AR 技术在设备维修和维护方面提供了巨大的帮助。维修人员可以使用 AR 头盔或智能眼镜来获取实时的维修指导，将虚拟信息叠加在实际设备上，指导他们进行故障诊断和修复。这提高了维修的效率和准确性，减少了停机时间，提高了生产线的可用性。VR 和 AR 技术在制造业中的广泛应用为工作人员提供了更好的培训、产品设计和维修体验，有助于提高生产效率、降低成本，并促进创新和技术进步。这些技术的未来发展前景仍然非常光明，将继续推动制造业向更高水平发展。

二、自动化在制造中的应用

自动化在制造中具有广泛的应用，主要体现在以下几个方面：自动化生产线能够执行重复性和高精度的任务，提高了生产效率和一致性。这有助于降低生产成本，提高产品质量。自动化系统可以实现 24/7 的连续生产，无须休息，从而提高了生产的灵活性和生产能力。这有助于满足市场需求的波动和紧急订单的处理。自动化设备可以减少人为因素的干扰，降低了生产中的错误率和事故风险。它们还能够处理危险的任务，保护员工的安全和健康。自动化系统还支持数据收集和分析，帮助制造企业进行生产过程的监控和优化。通过实时数据反馈，企业可以及时调整生产参数，提高生产效率和资源利用率。自动化在制造中的应用不仅提高了生产效率和产品质量，还为企业提供了更大的竞争优势，是现代制造业不可或缺的重要工具。

（一）自动化生产线

自动化生产线是一种高度先进的制造工具，通过使用自动化机器和系统，实现了连续的产品生产，显著减少了人工干预，从而提高了生产效率和产品一致性。这些自动化生产线采用了各种先进的技术，包括传感器、机器视觉、控制系统等，以实现自动化的生产流程。机器在生产线上精确执行任务，不受疲劳或人为因素的影响，保证了产品的高质量和一致性。生产线可以实现高速生产，减少了生产周期，提高了产量。自动化生产线还能够根据需求灵活调整生产，实现批量生产和个性化定制的无缝切换。这种灵活性对于满足市场需求和提高企业竞争力至关重要。自动化生产线是现代制造业的关键工具，它们提高了生产效率、降低了人工成本、确保了产品质量，并为企业提供了更多的灵活性和竞争优势。它们是制造业进步的象征，为可持续发展目标的实现提供了有力支持。

（二）自动化仓储和物流

自动化仓储系统是现代物流管理中的重要组成部分，它在多个方面提高了物流效率和准确性。自动化仓储系统可以实现库存管理的自动化。通过精确监测库存水平和货物流动，系统可以确保仓库内的物料始终处于适当的数量，避免了过多或不足的库存。这有助于减少资本绑定在库存上的成本，提高资金周转率。自动化仓储系统改善了订单处理流程。它能够迅速检索和打包订单所需的货物，大大缩短了订单处理的时间。这对于满足客户的快速交付要求至关重要，提高了客户满意度。自动化仓储系统还能够实现货物的自动分拣和分类。通过使用自动化设备如机器人、输送带和自动仓储架，系统能够高效地将货物从仓库中提取并按照订单要求进行分拣和打包。这减少了人为错误，提高了分拣的准确性和速度。自动化仓储系统不仅提高了物流效率，还降低了劳动力成本和错误率。它对于现代供应链管理至关重要，可以帮助企业更好地应对市场需求的变化，提供高效的物流解决方案，增强了竞争力。随着技术的不断进步，自动化仓储系统将继续发挥更大的作用，推动物流行业向前发展。

（三）自动化质量控制

自动化质量控制系统是一种关键的制造技术，它结合了传感器技术和机器视觉技术，可以在生产过程中实时监测和管理产品质量，从而显著降低次品率。这一系统的应用范围广泛，对制造业来说具有巨大的价值。自动化质量控制系统通过传感器实时监测生产线上的关键参数，如温度、压力、湿度、速度等。这些传感器可以精确地测量和记录数据，并将其传输到控制中心进行分析。如果某个参数超出了预定的范围或设定的标准，系统会立即发出警报并采取纠正措施，以防止次品的生产。机器视觉技术是自动化质量控制系统的重要组成部分，它使系统能够对产品的外观和结构进行高精度的检测和分析。相机和图像处理软件可以捕捉产品的图像，并与标准或模型进行比对。如果发现任何缺陷或不符合要求的地方，系统将自动标记问题，并可以触发自动化设备进行调整或剔除不合格产品。

这一系统的优势在于实时性和高精度性。它可以在生产过程中立即发现问题，而不需要等待产品完成后再进行检查，从而减少了不合格品的制造和处理成本。自动化质量控制系统也提高了制造的一致性和稳定性，有助于确保每个产品都符合质量标准。自动化质量控制系统的应用有助于制造企业提高产品质量，降低生产成本，提高客户满意度，增强市场竞争力。随着技术的不断进步，这一系统的性能和应用领域还将继续扩展，为制造业带来更多的机遇和好处。

（四）自动化维护和预测性维护

自动化维护系统是现代工业中的关键组成部分，它可以监测设备状态、预测设备故障，并自动安排维修，从而显著减少了停机时间和生产损失。这些系统通过传感器和监测装置实时监测设备运行情况，检测到异常情况后，自动分析数据并做出预测，警示可能的故障。这使维修团队可以提前介入，进行预防性维护，避免了突发故障对生产过程的干扰。通过自动化维护系统，企业可以实现更高的设备可靠性和生产效率，减少了维修成本，提高了资源利用效率。它们还降低了维修人员的人为错误风险，提供了更安全的工作环境。自动化维护系统是工业领域的重要创新，对提高生产可靠性、降低维护成本、减少停机时间和生产损失产生积极影响。这些系统的应用有助于实现可持续生产，提高了制造业的竞争力，为企业创造了更多机会来实现可持续性目标。

人工智能与自动化的应用在制造工业中提供了更高的生产效率、更好的产品质量和更低的成本。它们还有助于实现工厂的智能化和数字化转型，使制造企业能够适应不断变化的市场需求和技术趋势。这两个领域的不断发展将继续塑造未来制造业的面貌。

第四节　量子计算与制造革命

量子计算技术的崛起将在制造领域引发革命性的变革。传统计算机无法解决的复杂问题将迎刃而解，从材料设计到工艺优化，都将受益。量子计算将加速新材料的研发，提高材料性能和生产效率。量子模拟将模拟分子和原子层级的过程，推动新型纳米器件和先进的生产工艺的发展。量子通信将确保数据的安全传输，防止知识产权盗窃。量子计算将成为制造业的竞争优势，推动生产过程的智能化和优化。这一技术将为制造业带来更快、更节能、更可持续的生产方式，引领制造革命的新时代。

一、量子计算的应用

量子计算的应用领域多种多样。它在密码学和网络安全方面发挥着关键作用，能够破解传统密码学的难题，同时保护数据的安全性。量子计算可用于优化问题，如物流、供应链管理和交通流量优化，提高效率。在材料科学中，它可模拟复杂分子和材料的行为，加速新材料的开发。量子计算在药物设计、金融风险分析、气候模拟和人工智能等领域也有广泛应用，解决了传统计算难以处理的复杂问题。总的来说，量子计算为多个领域提供了创新解决方案，将在未来推动科学和技术的进步。

（一）量子计算基础

量子计算是一种基于量子力学原理的计算方式，具有独特的特性。其基本概念包括量子比特（qubits）、量子纠缠和量子叠加。量子比特（qubits）是量子计算的基本单位，类似于经典计算中的比特。但不同的是，qubits 不仅可以表示 0 和 1 的状态，还可以同时处于 0 和 1 的叠加态，这种性质称为量子叠加。这使量子计算机在处理某些问题时能够以指数级别的速度进行计算，远超过传统计算机的能力。量子纠缠是另一个关键概念。当两个或多个 qubits 发生纠缠时，它们之间的状态将紧密相连，无论它们之间的距离有多远。这意味着改变一个 qubit 的状态将立即影响其他纠缠的 qubits，即使它们在空间上相隔很远。这种纠缠性质可用于实现远程通信和量子密钥分发等安全通信应用。量子计算的基本概念包括 qubits、量子叠加和量子纠缠。这些独特的特性使得量子计算机在解决某些复杂问题，如因子分解和优化问题时，具有巨大的潜力，有望在未来改变计算机科学和技术的格局。

（二）制造过程优化

量子计算与制造革命的结合将彻底改变制造业的面貌。通过利用量子计算的处理能力，制造过程中的复杂问题可以迅速解决。量子计算可应用于材料科学，加速新材料的发现和设计，从而改善产品性能和降低生产成本。量子计算有助于优化生产计划和排程，确保资源的高效利用，减少生产停机时间。供应链管理也受益于量子计算，使供应链更具弹性和可预测性。综上所述，量子计算为制造业带来了前所未有的机会，将推动制造过程的智能化、高效化和可持续发展。

（三）分子模拟和材料发现

量子计算可以用于模拟分子和材料的性质，加速新材料的发现和开发。量子计算在航空航天、能源和医药领域具有巨大的潜力。在航空航天领域，量子计算可以用来精确地模拟航天器和飞行器的材料性能，帮助设计更轻、更强、更耐高温和高压的材料，从而提高飞行器的性能和安全性。量子计算还可以用于优化导航系统和飞行控制系统，提高飞行器的操作效率。在能源领域，量子计算可以用于模拟材料的电子结构和能量传输过程，从而帮助开发更高效的太阳能电池、储能系统和新型能源材料。这有助于解决能源供应和环境可持续性的挑战，推动清洁能源技术的发展。在医药领域，量子计算可以用来模拟分子和药物的相互作用，加速新药物的研发过程。通过精确的分子模拟，研究人员可以更快地发现潜在的药物候选物，并预测其在生物体内的效果和副作用，从而节省时间和资源，加速药物的上市过程。量子计算在模拟分子和材料性质方面具有巨大的潜力，可以为航空航天、能源和医药领域带来革命性的进展，推动科学和技术的发展，解决一系列重要的现实问题。

二、制造革命的趋势

制造革命的趋势包括数字化转型、自动化与机器人技术、可持续制造和全球供应链优化。数字化转型通过云计算、大数据分析和物联网连接设备，实现生产流程的数字化监控和优化，提高生产效率和灵活性。自动化与机器人技术广泛应用，减少了人工劳动，提高了生产一致性和速度。可持续制造强调资源最大化利用和循环经济原则，降低环境足迹。全球供应链优化通过智能物流和实时数据分析，提高了供应链的可见性和效率。这些趋势将继续塑造制造业，推动更高效、智能和可持续的生产方式。

（一）自适应制造

制造工厂正在朝着更加自适应的方向发展，这意味着它们能够根据需求和市场变化迅速调整生产。实现这一目标的关键在于自适应制造系统，它依赖于先进传感器、数据分析和人工智能技术。先进传感器在工厂中广泛部署，实时监测设备、生产线和产品的状态。这些传感器能够收集大量的数据，包括生产效率、设备运行状况和产品质量等方面的信息。数据分析技术对这些数据进行处理和分析，以洞察生产环境中的趋势和变化。通过大数据分析和机器学习算法，工厂可以迅速识别生产中的问题，预测市场需求变化，并优化生产计划。人工智能技术是实现自适应制造的关键。它可以自动调整生产线、设备设置和供应链安排，以满足实时需求变化。这种自动化和智能化的响应能力有助于降低生产成本、提高效率、减少库存，并迅速适应市场变化。自适应制造系统将成为未来制造工厂的核心。它们将依赖于先进传感器、数据分析和人工智能技术，使工厂能够更加灵活、高效地应对市场变化和客户需求，实现生产的最佳匹配。这将是制造业迈向可持续性和竞争力的关键发展方向。

（二）3D 打印和增材制造

未来，3D 打印技术将迎来更大的发展和应用。3D 打印技术将进一步突破其制造能力的界限，能够生产更大、更复杂的部件，这将有助于制造更复杂、精密和定制化的产品。特别是在航空、汽车和医疗领域，3D 打印将成为创新和生产的关键工具。增材制造技术将广泛应用于各个行业。在航空业，3D 打印可以用于制造轻量化零部件，提高燃油效率；在汽车业，它可以用于生产定制化零部件，提高汽车性能；在医疗领域，3D 打印可用于制造个性化的医疗器械和假体，提高患者的生活质量。增材制造的广泛应用将推动制造业向更灵活、可持续和创新的方向发展。3D 打印技术将在未来继续演变，并在多个领域实现更广泛的应用，为制造工艺带来巨大的变革和进步。

（三）自动化和协作机器人

自动化系统和协作机器人将取代一些重复性劳动密集型工作，从而显著提高了生产效率和生产线的灵活性。自动化系统可以用来执行单调和重复性高的任务，如装配、包装和检验。这些系统能够以稳定的速度持续工作，无须休息，从而大幅提高了生产线的产能。它们可以在不断变化的生产需求下灵活调整，无须大规模的人力重新培训或重新配置生产线。协作机器人（又称为协作机械臂）与人类工作者一起工作，共同完成任务。它们具有传感器和智能控制系统，可以安全地与人类共享工作空间。这种协作机器人的使用使得工作流程更加灵活，因为它们可以在需要时提供额外的劳动力，而无须进行大规模的扩展或缩减员工。协作机器人还可以执行危险或重复性高的工作，从而降低了工人的健康风险。自动化系统和协作机器人的应用不仅提高了生产效率，还使生产线更具灵活性，可以更好地适应市场需求的变化。这有助于降低生产成本，提高产品质量，并增加企业的竞争力。同时，它们还可以改善工作环境，减少对工人的身体和心理压力，为人们创造更好的工作条件。

三、量子计算与制造革命的结合

量子计算与制造革命的结合代表着制造业的一次深刻变革。量子计算技术的引入使得解决复杂的制造问题变得更加高效和精确。它可以在制造过程中优化设计、材料选择、工艺规划和供应链管理等方面发挥关键作用。量子计算可以模拟和分析分子、材料和化学反应，加速新材料的发现和开发。它还有助于优化生产计划、降低能源消耗、减少废物和提高生产效率。通过结合量子计算与制造，企业可以更好地应对市场需求的快速变化，提供更具竞争力的产品和服务，推动制造业向更加智能、可持续和创新的方向发展。

（一）量子计算在制造中的应用

将量子计算与制造革命相结合具有潜在的巨大影响，可以解决更复杂、更大规模的制造问题，提高产品设计和生产过程的效率。

1. 优化生产计划。量子计算可以在瞬间处理复杂的优化问题，如生产计划和排程，以确保最佳的资源利用和生产效率。这有助于降低生产成本、减少废物，并快速适应市场需求变化。

2. 材料科学和设计。通过模拟和计算分子和材料的性质，量子计算可加速新材料的开发过程。这有助于制造业开发更轻、更强、更持久的材料，改进产品性能，并减少资源浪费。

3. 供应链优化。量子计算可用于优化供应链和物流问题，包括库存管理、配送路线和需求预测。这有助于确保零部件的准时交付，降低库存成本，提高供应链的可靠性。

4. 设备维护。量子计算可以分析设备数据，预测设备故障，并制定维护策略，以减少停机时间和维修成本。这有助于提高生产线的可用性和可靠性。

5. 产品优化。通过量子计算，可以进行更复杂的产品设计和仿真，以提高产品性能、减少能源消耗和减轻环境影响。这对于满足可持续制造的要求至关重要。

综合而言，将量子计算与制造革命相结合可以推动制造业迈向更高级别的智能和可持续性。它有助于解决更复杂的问题，提高生产效率，降低成本，并创造更具竞争力的产品。随着量子计算技术的不断发展，制造业将能够更好地应对未来的挑战并实现可持续发展目标。

（二）制造革命的影响

制造革命对传统制造业带来了深刻的影响，加速了数字化转型和智能制造的发展。它引入了先进的数字技术和自动化系统，使传统制造业能够更高效地生产产品。

1. 自动化和机器人技术。制造革命推动了自动化和机器人技术的广泛应用，从而实现了生产线的智能化和高度自动化。这不仅提高了生产效率，还降低了劳动力成本和减少了人为错误。

2. 物联网（IoT）和传感器。制造革命将大量的传感器和物联网设备引入制造过程中，实现了设备之间的实时通信和数据共享。这有助于实现生产线的实时监测、预测性维护和远程控制，提高了生产效率和资源利用率。

3. 大数据和分析。制造革命产生了大量的数据，制造企业可以利用大数据分析技术来获取洞察力，识别问题和优化生产过程。这有助于制造业更好地理解其运营状况，并做出更明智的决策。

4.3D 打印和增材制造。这些新兴技术改变了传统的制造方式，允许快速原型制作和个性化生产。它们为制造业提供了更多的灵活性和创新空间。

5. 可持续性和环保。制造革命也引领了可持续性和环保的发展趋势，制造企业越来越关注减少资源浪费、降低排放和提高生产过程的环保性能。

制造革命给传统制造业带来了技术升级和创新，加速了数字化转型和智能制造的发展。这些变革有助于制造业更好地适应市场需求、提高竞争力并推动产业的可持续发展。

量子计算和制造革命的结合具有巨大的潜力，可以为制造工业带来多方面的优势，量子计算的引入可以加速制造工艺的优化和材料设计。通过量子计算，可以在极短的时间内模拟和分析复杂的分子结构和物理现象，从而加速新材料的研发和生产。这将推动制造工艺的革命性改进，提高生产效率和产品质量。量子计算还可以用于优化供应链和生产排程。它可以解决大规模组合优化问题，帮助制造企业更好地管理库存、生产计划和物流，从而降低成本并提高交货效率。这一结合也面临技术、安全和标准等方面的挑战。量子计算技术仍在发展阶段，硬件和软件方面存在许多技术性问题需要克服。量子计算的安全性也是一个重要问题，因为它可能对传统的加密系统构成威胁。

另一个挑战是建立相关标准和法规，以确保量子计算在制造工业中的应用安全可靠，并遵守法律法规。培养足够的专业人才来应对这一新兴领域的需求也是一个重要任务。

量子计算和制造革命的结合为制造工业带来了无限可能性，但也需要克服众多挑战。行业、学术界和政府的合作，可以推动这一领域的发展，实现更智能、高效和可持续的制造工业。

参考文献

[1] 王丽霞，唐义玲智能制造时代机械设计制造及其自动化技术研究 [J]. 中国设备工程，2023（04）：33-35.

[2] 吕成升 . 智能制造背景下机械设计及自动化技术发展方向研究 [J]. 智慧中国，2022（11）：84-85.

[3] 李洋 . 智能制造背景下机械设计制造及自动化技术发展趋势分析 [J]. 科技资讯，2022（18）：57-59.

[4] 石鹏，邓螈媛，周黎明，等 . 现代数字化设计制造技术在机械设计制造上的应用 [J]. 南方农机，2022，53（14）：146-148.

[5] 蔡佳丽，蔡丽娟 . 智能制造背景下机械设计及自动化技术发展方向 [J]. 时代汽车，2022（11）：145-146.

[6] 李峰 . 智能制造背景下机械设计及自动化技术发展方向研究 [J]. 农机使用与维修 2021（07）：45-46.

[7] 袁卓伟 . 虚拟现实技术在机械设计与制造中的应用 [J]. 现代工业经济和信息化，2022.12（10）：93-95.

[8] 袁亚辉 . 仿真技术在机械设计制造中的应用研究 [J]. 造纸装备及材料，2022，51（08）：102-104.

[9] 朱宇娟 . 基于仿真技术在机械设计制造中的实践研究 [J]. 中国设备工程，2022（07）：193-194.

[10] 吴华滨 . 浅谈仿真技术在机械设计制造中的应用 [J]. 内燃机与配件，2021（02）：195-196.

[11] 黄斌 . 虚拟仿真技术在矿山机械设计制造中的应用和前景 [J]. 中国金属通报，2020（10）：5-6.

[12] 孙占涛，杜立红，关爱如，等 . 机械设计制造的数字化与智能化发展思考 [J]. 现代工业经济和信息化，2023，13（02）：41-43.

[13] 段一平 . 创新转变视域下的智能机械制造研究 [J]. 现代制造技术与装备，2023，59（02）：219-221.

[14] 郭江龙，张春晖 . 机电一体化与机械制造智能化技术结合的发展研究 [J]. 有色

金属工程，2023，13（01）：156.

[15] 王皓 . 基于创新转变视角下的智能机械制造和加工模式研究 [J]. 内燃机与配件，2022（19）：100-102.

[16] 段明艳 . 浅析机械设计制造的数字化与智能化 [J]. 中国设备工程，2022（18）：29-31.

[17] 杨海玉 . 智能化技术在机械制造中的应用 [J]. 集成电路应用，2022，39（08）：116-117.

[18] 李本翠 . 机械设计制造的智能化发展趋势综述 [J]. 中国设备工程，2022（07）：26-27.

[19] 陈小倩 . 浅析智能化机械设备制造与发展方向 [J]. 内燃机与配件，2023，（22）：105-107.

[20] 刘杨 . 现代机械制造工艺及精密加工技术研究 [J]. 防爆电机，2023，58（06）：43-45.